Basic skincare practice

F/A/C/I/A/L

피부관리
기초실습

/ 김태희 종서우 이채빈 지음 /

IRM (주)영림미디어

저자소개

김태희 / 서경대학교 예술종합평생교육원 미용학과
종서우 / 서경대학교 예술종합평생교육원 미용학과
이채빈 / 정화예술대학교 미용예술학부

피부관리기초실습

첫째판 1쇄 인쇄 2015. 1. 26
첫째판 1쇄 발행 2015. 1. 30

지 은 이 김태희, 종서우, 이채빈
발 행 인 이혜미, 손상훈
편집디자인 최서예
모 델 장솔지, 김해빈

발행처 (주)영림미디어
주 소 (121-894) 서울 마포구 서교동 375-32 무해빌딩 2F
전 화 (02)6395-0045 / 팩스 (02)6395-0046
등 록 제2012-000356호(2012.11.1)

ISBN 979-11-85834-11-5(13590)
정가 23,000원

F / A / C / I / A / L

피부관리
기초실습

Basic skincare practice

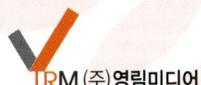
TRM (주)영림미디어

1990년대 초반부터 국내 전문대학에 최초로 미용관련학과가 개설되면서 체계적인 미용교육시대가 시작되어, 현재는 피부미용인을 양성하는 교육기관이 4년제를 포함하여 140여개의 미용관련학과가 개설되었으며, 대학원에서 피부미용관련 석 · 박사과정이 점차 늘어나 교육이 이루어지고 있는 추세입니다.

또한 2007년 4월 4일 보건복지가족부에서 보건복지부령 제392호로 기존의 미용사 자격증 제도를 미용사(일반)와 미용사(피부)로 분리하고 세분화하여 2008년 10월 5일에는 제1회 피부미용사 국가자격필기시험을 실시하였습니다.

이러한 피부미용교육의 내 · 외적으로 전문적인 실무 중심의 교육이 필요한 현실에 맞춰 국내 미용관련학과에서는 학문적 체계를 갖추며 빠르게 성장하고 있고, 각 대학에서도 이에 맞는 교과과정을 개편하여 운영하고 있습니다.

본 교재는 이론과 실습을 중심으로 한 기본 개념을 잘 이해하고 피부관리의 기초적이면서도 전문적인 지식을 쉽게 이해하기 쉽도록 자세히 집필하였습니다.

피부미용의 개요, 피부의 구조 및 기능, 피부미용을 위한 해부학적 구성, 피부관리를 위한 준비 및 위생, 피부상담 및 분석, 클렌징, 눈썹정리, 각질제거, 매뉴얼 테크닉, 팩, 마스크, 마무리 단계로 구성되어 있습니다.

따라서, 피부미용관리 교과에 입문하는 학생들뿐만 아니라 피부미용관리 업무에 종사하는 전문인들에게는 지침서로 활용되길 바랍니다. 부족한 부분은 앞으로 계속 수정 · 보완해 나갈 것을 약속드립니다.

끝으로 교재를 집필할 수 있도록 교재 모델로 도움을 준 장솔지, 김해빈 조교에게 무한한 감사의 마음을 전하고, 이 책이 발간될 수 있도록 너무나 힘써 주신 영림미디어 임직원 여러분께 진심으로 감사드립니다.

저자 일동

C/o/n/t/e/n/t/s

Chapter 01 피부미용의 개요 *Basic skin care*

1. 피부미용의 목적

피부는 건강을 유지하기 위한 생리기능을 가지고 있지만 연령, 계절, 환경, 생활 조건, 건강상태 등에 의하여 변화한다. 피부미용이란 이러한 내·외적 요인으로 인한 미용상의 문제를 물리적이나 화학적인 방법을 이용하여 예방하고, 피부의 생리기능을 자극함으로써 아름답고 건강한 피부를 유지하고 전신의 피부를 관리하는 미용기술을 말한다.

이와 같이 피부미용은 피부 및 인체의 기능과 생리작용에 대한 과학적 지식을 바탕으로 손을 이용한 물리적 방법 및 기구를 이용하여 관리를 하고 화장품 등을 다양하게 이용하여 미용적인 관리를 행하므로 하나의 과학이라 말 할 수 있으며, 과학적인 지식과 기술을 바탕으로 미의 본질과 형태를 다룬다는 의미에서 예술이라 할 수 있다.

2. 피부미용 업무영역

① 안면관리(Facial Treatment)
- 기초 안면관리(Basic Facial Treatment)
- 특수 안면관리(Special Facial Treatment)

② 전신관리(Body Treatment)
- 기초 전신관리(Basic Body Treatment)

• 특수 전신관리(Special Body Treatment)

③ 발관리 및 패디큐어(Foot Care · Pedicure)

④ 두피관리(Scalp Treatment)

⑤ 기기를 이용한 관리(Machine Therapy)

⑥ 매니큐어(Manicure)

⑦ 제모(Haie Removal)

⑧ 눈썹정리 및 염색(Eyebrow Care & Dyeing)

⑨ 메이크업(Make-Up)

⑩ 화장품 관리 및 판매(Cosmetics Sale)

⑪ 미용상담 및 조언(Consultation)

⑫ 이미지 메이킹 및 이미지 컨트롤(Image Making)

3. 피부미용관리 단계

① 고객상담

② 피부분석과 진단

③ 고객카드 작성

④ 피부관리 계획

⑤ 관리순서 및 관리제품을 고객에 맞추어 결정

⑥ 정돈, 마무리 단계

⑦ 가정에서의 관리방법 조언

4. 피부미용관리사 정의

피부미용관리사(Skin Care Specialist, Esthetician)는 피부관리에 대한 전문교육을 이수한 자로서 직업에 대한 확실한 신념을 가지고 올바른 피부관리 수행능력과 업무를 성실히 행할 수 있는 자를 말하며 피부 기능상의 문제점을 개선하고, 젊고 아름다운 피부를 유지하여 아름다움과 정신건강을 함께 추구해야한다. 그리고 과학적인 지식과 기술은 물론 인간성, 전문성, 신뢰성이 바탕이 되어 인간의 심리적, 사회적, 정신적 측면에 대한 포괄적인 지식과 태도가 동반되어야 한다.

5. 피부미용관리사의 활동 분야

① 피부관리사
② 두피관리사
③ 발관리사
④ 피부관리실 경영
⑤ 피부관리실 매니져
⑥ 화장품 판매업
⑦ 화장품 회사: 교육강사, 제품기획, 연구, 영업
⑧ 교육: 학원, 문화센터, 복지관, 기술고등학교, 상업고등학교(미용과), 대학 강사
⑨ 기타: 미용관련 잡지, 컨설팅, 이벤트 상담자 등

Chapter 02 피부의 구조 및 기능

1. 피부의 개요

피부는 신체를 둘러싸고 있으며 외부환경으로부터 몸을 보호하는 동시에 전신의 대사(代謝)에 필요한 생화학적 기능을 영위하는 생명 유지에 필수적인 기관이다. 피부에는 각기 기능이 다른 모발, 손톱, 한선, 피지선 등의 부속기관이 존재하고 있다. 피부의 총면적 1.5~2.0㎡, 부피(표피+진피)2.4~3.6L, 중량 4kg 정도로 신체무게의 약 16~20%를 차지하고 체내 혈류량의 1/3이 통과한다. 피부의 두께는 연령, 성별, 부위별로 다르지만 표피의 평균두께는 약 1.2mm정도이며 진피를 합쳐 약 2.2mm 정도이다. 피부에서 가장 두꺼운 부위는 발바닥과 손바닥이고, 이는 약 6mm정도이며 가장 얇은 부분은 눈꺼풀과 고막으로 약 0.5mm이다. 또한 건강한 피부는 약산성(pH4.5~6)이며 피부의 산도는 땀샘 및 기름샘에서 분비되는 젖산염, 지방산, 아미노산 등에 따라 달라진다.

2. 피부의 구조

피부는 신체 건강 상태를 잘 표현해주는 기관으로 다층 구조를 이루고 있으며 표피(Epidermis), 진피(Dermis), 피하지방층(Subcutaneous Fat)으로 나눌 수 있다. 피부의 가장 바깥층인 표피는 다층의 상피세포와 색소, 그리고 단백질로 구성된다. 표피세포는 기저층의 각질형성모세포에서 생성되어 20대의 경우 3-4주, 30대의 경우 4-5주를 주기로 성장과 분화, 탈락을 반복한다. 각질의 교체주기는 나이가 들면서

점점 길어진다. 표피는 발생학적으로 신경조직이나 감각기관처럼 외배엽(Ectoderm)
에서 만들어진다. 진피는 중배엽(Mesoderm)에서 발생한 결체조직이며, 혈관, 신경,
모낭, 한선, 피지선이 잘 발달되어 있다. 그리고 콜라겐과 엘라스틴이라는 섬유조직
이 갈기 모양으로 존재하여 피부의 탄력과 형태를 유지한다. 진피는 체온조절기능,
수분저장기능, 감각기능 등을 수행한다. 피하지방층은 진피 하부 조직으로 혈관과 지
방으로 채워져 있다. 지방은 몸과 얼굴의 체형과 윤곽을 유지하고 피부를 통통하고
탄력있게 만들며 부드럽게 해준다. 그리고 쿠션작용을 하여 열의 전도를 막아준다.
피부는 외부 환경에 대한 장벽으로의 기능과 체온조절 등 다양한 기능을 가지고 있으
며 미생물과 기타 유해물질의 침입을 막는 인체 보호막의 역할을 한다. 하루 종일 이
산화탄소를 비롯하여 몸에서 생성된 여러 노폐물을 땀과 기름의 형태로 배출하고 주
위 환경의 독성 물질로부터 몸을 보호한다. 그리고 끊임없이 손상을 치료하고 재생한다.

1) 표피(Epidermis)

표피는 신체 내부를 보호하며 외부로부터의 세균 등 유해물질과 자외선의 침입을 방
어해준다. 그리고 혈관이 없고 신경 말단이 분포되어 있다. 표피는 각질형성세포, 멜
라닌 세포, 랑게르한스세포 및 머켈세포의 유기적 결합으로 형성되어 있다. 표피세
포는 각질화를 통해 죽은 세포가 되지만, 기능적으로 단백질-지질-수분으로 형성된
단단한 막이 되어 인체를 끝까지 보호한다.

(1) 각질층(Stratum Corneum, Horny Layer)

피부의 가장 바깥에 위치하며, 두께는 0.02~0.03㎜이고 무핵의 죽은 세포로 약 20~25개의 층으로 겹겹이 쌓여있고, 피부표면에 가까울수록 납작하고 길쭉한 모양을 하고 있다.

각질층의 주성분은 케라틴이 50% 이상, 세포간 지질 11%, 천연보습인자(Natural Moisturizing Factor: NMF)가 38% 정도로 구성되어 있다.

피부표면에서는 세포간의 응집력이 떨어져 얇은 조각모양으로 피부에서 떨어져 나가며 2~4개 층의 죽은 세포의 잔재와 지질로 구성된 각질층이 체내에서 체외로 유·수분이 방출되는 것을 막아주며, 체외의 세균이나 유해 물질 및 자극으로부터 우리 몸을 보호하는 중요한 기능을 수행하고 있다.

(2) 투명층(Stratum Lucidum, Lucidum Layer)

손바닥, 발바닥 같이 각질층이 두꺼운 곳에 존재한다. 무핵의 세포로 2~3층 얇고 빛이 통과할 수 있는 투명한 편평세포로 구성되어 있으며 엘라이딘(Eleidin)이라는 반고체상 물질이 들어있어 피부가 투명하게 보이며 수분저지막(Barrier Zone)이 있어 물의 침투를 막아주고 피부를 윤기 있게 해준다.

(3) 과립층(Stratum Granulosum, Granular Layer)

과립층은 수분을 잃고 점점 세포들이 각질화 되어가며 케라토히알린 과립(Kerato-hyaline Granul)이 축적되면서 핵이 소실되어 세포 생성 능력이 없는 죽은 세포로 가는 과정이다. 편평 또는 방추형의 세포로 3~5층으로 되어 있으며, 리소좀 효소들이 많아 자가 용해 작용이 일어나고 알칼리성으로써 피부의 중요한 방어층 역할과 피부 내부의 수분 유출을 막아주는 작용을 한다.

(4) 유극층(Stratum Spinosum, Spinous Layer)

표피 중 가장 두꺼운 층으로 세포핵이 존재하며, 세포 하나하나가 독립한 입방형 모양으로 4-5층으로 구성되어 있다. 유극층에는 유극세포 외에도 랑게르한스세포나 멜라닌 세포 등 면역작용을 하거나 자외선을 차단하는 기능을 하는 세포들이 존재한다.

(5) 기저층(Stratum Basale, Basal Layer)

표피의 최하층으로 기저막을 경계로 진피와 접하고 있으며 유핵세포로 원주모양, 혹은 입방모양의 각질형성세포들이 일렬로 모여 한 층을 이룬다. 표피의 기능과 생리작용은 모두 기저층의 각질형성세포에서 시작된다. 각질형성세포들도 사실 기저층에 드문드문 존재하는 다능세포(Undefined Cell)에서 분화한 세포이다. 각질형성세포에서 유극세포-과립세포-투명세포-각질세포가 분화한다. 각질형성세포는 유두상 진피에 잘 발달되어 있는 모세혈관망 으로부터 영양분, 산소, 수분을 공급 받아 생명현상을 유지하고 증식, 분화하여 새로운 딸 세포를 계속해서 만들어낸다.

기저층에는 촉각 수용체인 머켈세포(Merkel Cell)도 있고, 각질형성세포와 수지상세포인 멜라닌형성세포가 4:1~10:1의 비율로 존재한다.

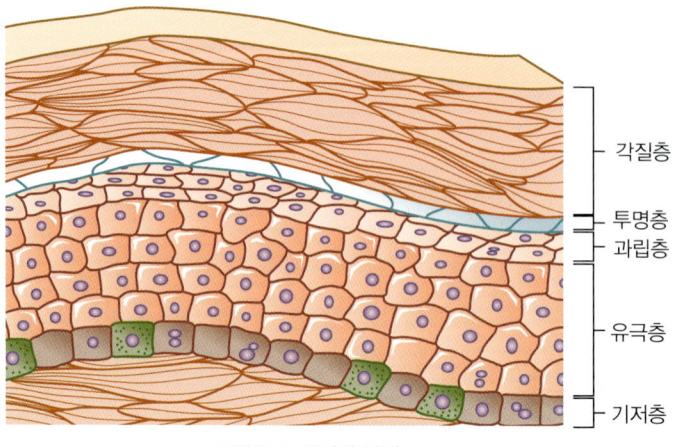

그림 2-1. 표피의 단면

2) 진피(Dermis)

진피는 피부 대부분을 차지하며 두께는 3-5mm로서 표피 두께의 약 10-30배 정도 된다. 피부 1㎠에는 평균 10-20개의 신경, 30-70개의 피지선, 그리고 100-250개의 한선이 존재한다.

진피는 분비기능, 생산기능, 배설기능, 면역기능, 보존기능, 체온조절기능, 감각기능을 수행한다. 진피는 표피와 달리 신체부위에 따라 두께가 다양하여 외모에 큰 영향을 준다. 진피의 대표적인 세포는 섬유모세포(Fibrolast)인데 진피의 주성분인 콜라겐, 엘라스틴 같은 섬유질단백 외에 이들 사이를 채우는 히알루론산, 뮤코다당류 등의 당단백질, 그리고 콜라게나제(Collagenase) 등의 단백분해효소를 생성한다. 그 밖에 면역작용에 관여하는 세포로서 비만세포(Mast Cell), 백혈구, 림프구, 대식세포(Macrophage) 등이 존재한다. 그 외에 한선(Sweatgland), 피지선(Sebaceous Gland)등의 분비선이 존재한다.

(1) 유두층(Papillary Layer)

표피층을 향해 작은 원통 모양의 탄력조직 돌기가 있다. 모세혈관이 있어 혈관이 없는 표피에 영양을 공급하고 촉각소체와 같은 신경말단이 분포되어 있다. 망상층보다 부드럽고 탄력이 있다.

(2) 망상층(Reticular Layer)

교원섬유(Collagen Fiber)와 탄력섬유(Elastic Fiber)다발이 치밀하게 그물모양으로 짜여져 구성되어 있다. 혈관, 림프관, 피지선, 한선, 모낭, 기모근 등이 복잡하게 분포되어 있다.

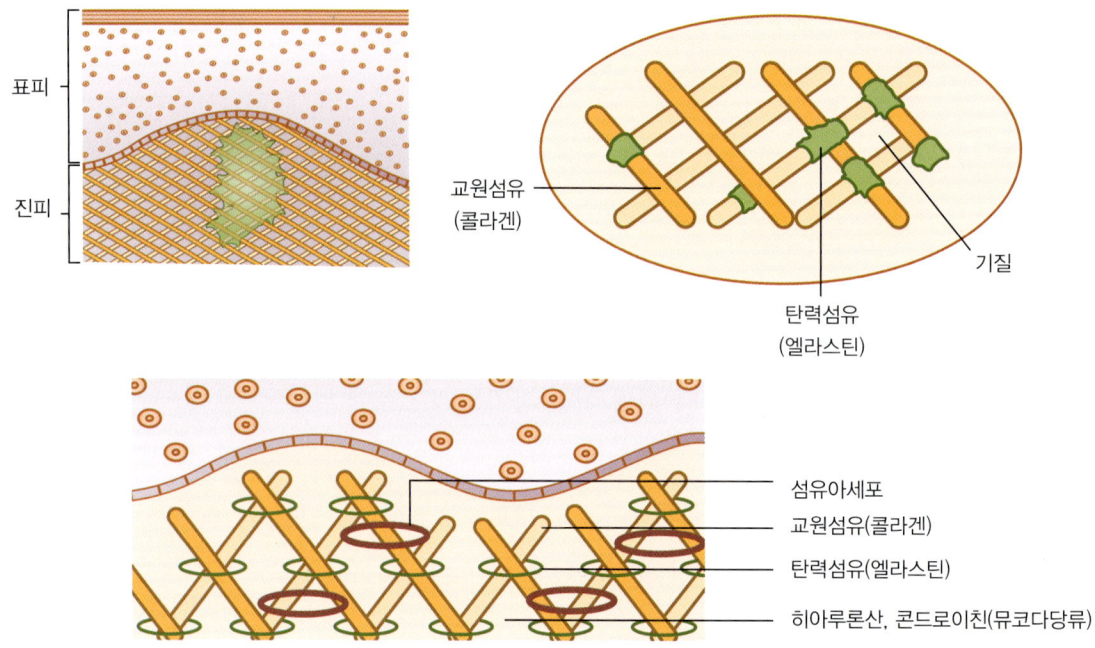

표피

진피

교원섬유
(콜라겐)

기질

탄력섬유
(엘라스틴)

섬유아세포
교원섬유(콜라겐)
탄력섬유(엘라스틴)
히아루론산, 콘드로이친(뮤코다당류)

그림2-2. 교원섬유(콜라겐)와 탄력섬유(엘라스틴)

3) 피하지방(Subcutaneous Layer)

지방층의 지방조직은 중배엽에서 기원한 지방세포로 섬유조직이 엉성하게 얽어진 사이에 벌집모양으로 망상구조 사이에 위치한다. 피하지방층의 기능은 체온유지, 신체보호, 수분조절, 탄력성, 외부 충격 흡수, 소모되고 남은 영양소를 저장하는 기능이 있다. 피하지방층은 신체의 유연성과 곡선미를 만들어주며 신체의 영양상태, 성별, 연령, 부위에 따라 피하지방층의 두께와 분포가 다르다.

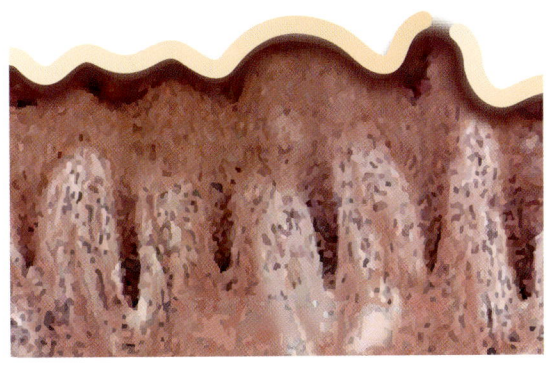

그림2-3. 피하지방 단면

3. 피부의 부속기관

피부에는 피부 내·외에 피부를 보호하고 기능을 도와주는 피부부속기관이 있다. 피지선, 한선, 모발, 손(발)톱, 유선 등이 있다.

1) 피지선(Sebaceous Gland)

모낭이 없는 손바닥, 발바닥을 제외한 전신에 분포되어 있으며 머리, 얼굴, 가슴, 등, 팔, 다리의 순으로 발달되었고 외곽지대보다는 중심부에 더 많이 발달 되었다. 거의 대부분이 모낭과 연결되어 있으며, 모낭과 관계없이 점막 표면에 직접 열려있는 독립 피지선이 존재한다.

남성 호르몬인 안드로겐이 피지선 발달에 영향을 주고, 하루에 분비량은 환경에 따라 차이가 있지만 평균 피지분비량은 약 1~2g정도이다.

피지는 땀과 같이 얇은 보호막을 형성하여 외부로부터 세균, 독성물질을 방어 할 수 있는 살균작용을 하고, 또한 수분증발억제, 유화작용, 흡수조절 작용 등을 한다.

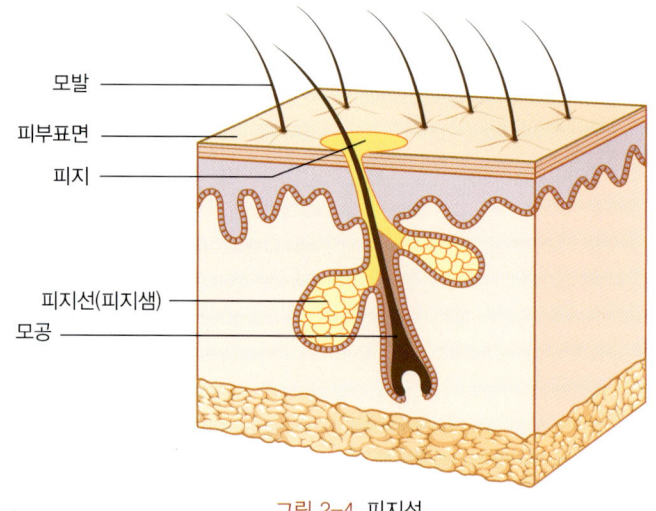

모발

피부표면

피지

피지선(피지샘)

모공

그림 2-4. 피지선

2) 한선(Sweat Gland)

한선은 염분을 분비하는 소한선(Eccrine Gland)과 점액 다당류를 분비하는 대한선 (Apocrine Gland)으로 구분된다.

① 소한선(Eccrine Gland): 모든 피부에 분포되어 있으며 손바닥, 발바닥, 두피, 이마, 서혜부 순으로 많고 팔, 다리가 적으며 눈꺼풀, 손톱, 귀바퀴, 입술경계부에는 없다. 땀은 무색, 무취이며 하루 평균 분비되는 양은 700~900cc이다. 체온조절의 기능을 하고 피부표면의 습도와 산성도를 유지 시키고 노폐물을 체외로 배설시킨다.

② 대한선(Apocrine Gland): 모낭에서 분화된 선으로 겨드랑이, 유륜, 사타구니, 음 낭, 대음순, 항문주위 등의 털이 있는 부위에 분포되어 있다. 소한선에서 분비된 땀과는 다르게 끈적끈적한 유백색이며, 피부 표면에 존재하는 미생물이 땀의 성분 인 유기성 물질을 분해함으로써 체내의 냄새를 유발한다. 소한선은 자율신경의 지 배를 받지만 대한선은 주로 호르몬의 영향을 받는다.

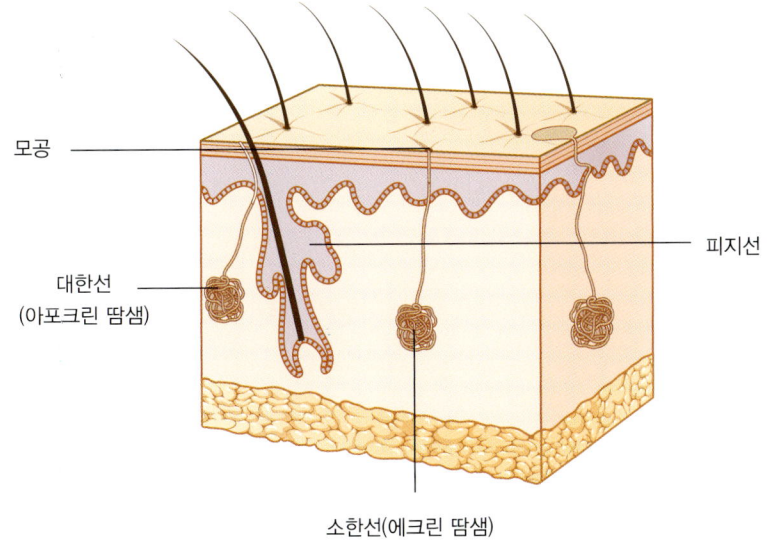

모공

대한선
(아포크린 땀샘)

피지선

소한선(에크린 땀샘)

그림 2-5. 한선

3) 모발(Hair)

모발은 손바닥, 발바닥, 입술, 생식기 등 특정 부위를 제외하고 신체의 모든 부위에 존재한다. 사람의 신체 표면에는 약 500만개의 체모가 있다. 그 중 두피에는 약 10만 개의 두발이 존재한다.

신체의 각 부위에서 태양광선, 마찰, 충격 등을 완화시켜 주고, 땀과 먼지 그리고 세균 등 여러 가지 이물질의 침입을 방지하여 신체를 보호한다. 그리고 여러 가지 환경 적인 영향에 의한 체온을 조절과 이성을 유혹하는 역할을 하며, 인체 내부에 존재하는 오염물질과 중금속을 털을 통해 배출한다. 그 외에도 두발 같은 경우에는 사람의 개성과 미적 효과를 높이기 위한 장식적인 역할도 한다.

① 모발의 구조

　㉠ 모간(Hair Shaft): 모발이 피부 밖으로 나온 부분

ⓛ 모근(Hair Root): 모발이 피부 안에 있음

ⓒ 모낭(Hair Follicle): 모발이 심어져 있는 주머니, 모근을 싸고 있는 내 · 이층 의 피막

ⓔ 모구(모반, Hair Bulb): 모낭 아래의 둥근 부분, 내부는 모질 세포와 멜라닌 세 포로 구성

ⓜ 모유두(Hair Papilla): 모낭 밑 부분, 배아세포가 모여 있는 부분, 모발의 성장 에 관여

ⓗ 피지선(Sebaceous Gland): 모낭벽에 위치, 피지를 분비하여 모발 및 피부의 유연화작용

ⓢ 기모근(입모근, Arrector Pili): 모발을 받쳐주고 긴장 시 털을 일으켜 세우는 근육(속눈썹, 눈썹, 코털) 겨드랑이에는 없다.

ⓞ 배아세포(Germinative Cell): 모유두에 모여 있는 모세혈관으로 영양을 공급 받아 세포분열, 모발을 성장시키는 세포.

② 모발의 단면

㉠ 모수질(Medulla): 원형세포, 기포를 갖고 있는 모발의 힘대 역할

ⓛ 모피질(Cortex): 멜라닌 색소와 공기함유, 모발의 색을 결정, 뻣뻣한 모발은 피질이 두껍다.

ⓒ 모표피(Cuticle): 모발의 최외각 층, 편평한 무핵의 케라틴 세포로 구성, 생선 비늘이 겹겹이 겹쳐져 있는 모양, 가장 얇은 각화한 세포이다.

③ 모주기(Hair Cycle): 모발은 일정기간 동안 자라다가 어느 기간이 지나면 스스 로 빠지고 다시 자라는 일정한 주기를 갖는다.

ㄱ 두발 성장기: 5~6년 정도, 1일 0.2~0.5㎜

ㄴ 수염 성장기: 1일 0.4㎜

ㄷ 일 년 중에서 가장 잘 성장하는 시기는 봄, 여름이고 연령층은 16~25세의 여
성이 가장 잘 자란다. 60세 이상이 되면 자라는 속도도 느려진다.

ㄹ 성장기(Anagen: Growing Phase): 전체 모발의 80~90%의 단계, 두피모발
3~10년

ㅁ 퇴행기(Canagen: Transitional): 전체 모발의 약 1%의 단계, 두피모발 2~3주

ㅂ 휴지기(Telogen: Resting Phase): 전체 모발의 약 14%의 단계, 3~4개월

이와 같은 과정에서 모발은 매일 탈모가 발생하는데 정상인의 경우 하루에 보통
50~200개의 모발이 빠지는 것으로 알려져 있다.

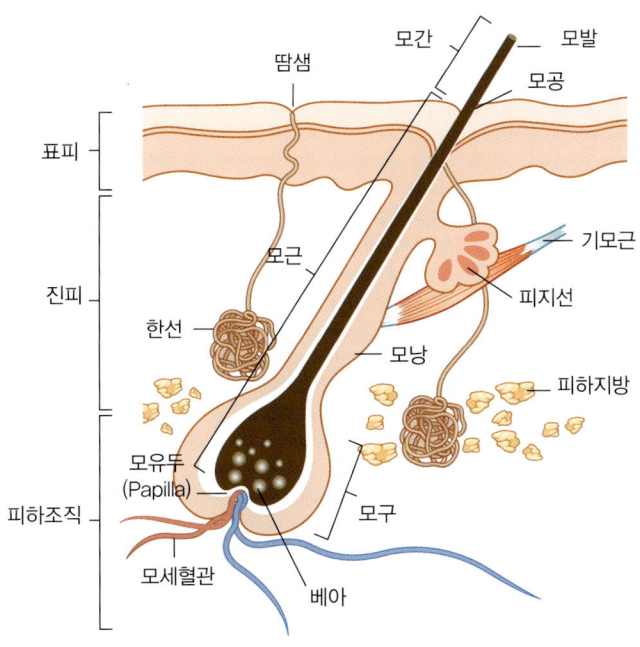

그림 2-6. 모발의 구조

4) 손(발)톱(Nail)

손톱과 발톱은 표피의 각질층과 투명층이 변하여 혈관, 신경이 분포되어 있지 않은 죽은 조직이다. 손톱 밑에는 모세혈관과 신경말초가 많이 분포 되어 있고 손가락의 끝을 보호하며 감촉을 예민하게 하고 힘을 가할 수 있게 하여 미세한 동작이나 물건을 잡는데 유용하다.

손톱은 1일에 0.1㎜ 자라고 손톱 전체가 새로 자라는데는 4~5개월 정도 걸린다. 발톱은 손톱에 비해 1/3정도 걸린다. 손톱 수분량은 7~12%이며 손톱 지방량은 0.15~0.75% 어린아이는 1.38%이다.

① 손톱의 구조

　㉠ 손톱의 부분

　　ⓐ 조갑(조체, Nail Plate): 손톱의 본체로 하부의 조상(Nail Bed)에 단단히 부착

　　ⓑ 조근(Nail Root): 조곽 밑에 숨겨진 근위단, 손(발)톱의 성장 장소

　　ⓒ 조선(자유연, Free Edge): 손톱 끝 부위

　㉡ 손톱 밑

　　ⓐ 조상(Nail Bed): 손톱을 받들고 있는 피부판(진피 또는 기저층, 유극층으로 구성됨)

　　ⓑ 조모(조기질, Nail Matrix): 손톱 끝 관절에서부터 손톱 반월의 맨 끝 부위, 림프관과 혈관 및 신경이 분포, 손끝의 세포를 생산하고(세포분열), 손톱의 성장에 관여

　　ⓒ 조반월(Half Moon): 하부조직의 두꺼운 혈관망을 덮고 있어 흰색을 띠는 발달모양

ⓒ 손톱주위의 피부

 ⓐ 조소피(Cuticle): 손톱을 둘러싸고 있는 피부

 ⓑ 조주름(손톱측면 피부, Nail Fold): 측면으로부터의 충격이나 압박으로부터 손(발톱)을 보호하는 부위

 ⓒ 조구(Nail Groove): 조상의 양측면 피부, 손톱고랑부위

 ⓓ 조곽(조벽, Nail Wall): 글로브 위에 위치, 손톱과 조근의 보호를 위해 싸여진 상소피

 ⓔ 상조피(Eponychium): 표피의 연장으로 손톱베이스에 있는 가는 선의 피부

 ⓕ 조상연(Perionychium): 전체의 손톱을 둘러싼 가장자리 피부

 ⓖ 하조피(Hyponychium): 손톱 끝(조선) 밑 부분의 피부

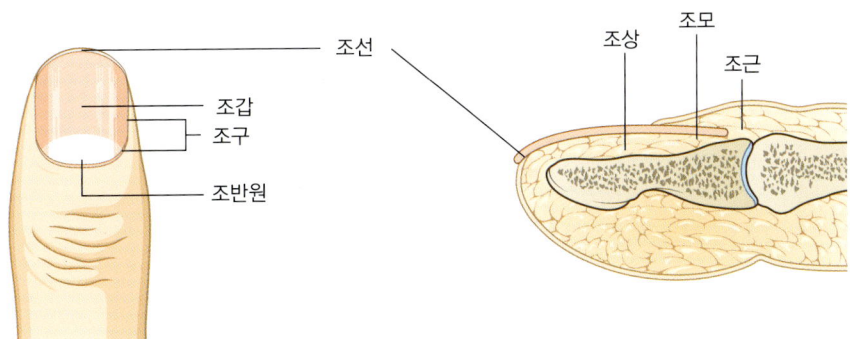

그림 2-7. 손톱의 구조

4. 피부의 기능

- 보호작용
- 보습작용
- 항산화작용
- 재생작용
- 표정작용(표현작용)
- 체온조절작용
- 저장작용
- 면역작용
- 비타민D 합성작용
- 감각 · 지각 작용
- 흡수작용
- 호흡작용
- 배설 및 분비기능
- 신진대사 기능

Chapter 03 피부미용을 위한 해부학적 구성

Basic skin care

1. 안면 골격계(얼굴뼈, Facial Bones)

인체의 골격은 총 206개의 뼈로 구성되어 있으며 얼굴의 뼈는 맞물려 움직이지 않는 13개의 뼈와 1개의 움직이는 아래턱뼈로 구성되어 있다. 아래턱뼈는 머리뼈에 인대로 연결되어 있고 목뿔뼈는 다른 얼굴머리뼈와는 완전히 분리되어 혀근육부위에 매몰되어 있다. 얼굴뼈는 얼굴의 기본적인 형태를 이루면서 얼굴의 표정을 조정하는 여러 근육들의 부착부위가 된다.

1) 안면 골격계

- 전두골(이마뼈, Frontal Bone): 머리뼈의 앞면을 형성하는 납작뼈로 이마 눈확의 위벽과 코안의 천정을 포함

- 두정골(마루뼈, Parietal Bone): 이마뼈 바로 뒤에서 양쪽면으로 위치, 좌·우 한 쌍이 합쳐져서 뇌머리의 지붕을 벽을 형성하는 납작사변형의 뼈

- 측두골(관자뼈, Temporal Bone): 머리뼈 양쪽면에서 인상봉합(비늘봉합)을 따라 마루뼈와 관절을 이룬다.

- 후두골(뒤통수뼈, Occipital Bone): 마루뼈와 관절하며 머리뼈의 뒷면과 머리뼈의 바닥을 이루는 뼈

- 접형골(나비뼈, Greater Wing of Sphenoid Bone): 머리뼈의 바닥 중앙에 위치, 날개를 편 나비 모양의 뼈로 여러 개의 뼈 사이에 끼어 있다.

- 관골(광대뼈, Zygomatic Bone): 뺨 위쪽의 돌출부, 불규칙한 사각형으로 일부는 눈확의 가족·아래벽을 형성

- 비골(코뼈, Nasal Bone): 직사각형의 길고 얇은 뼈로 코의 형태를 결정

- 누골(눈물뼈, Lacrimal Bone): 위턱뼈와 벌집뼈 사이에 위치한 작고 얇은 한 쌍의 뼈이며 눈확 안쪽벽 앞쪽에 있는 뼈

- 사골(벌집뼈, Ethmoid Bone): 코안의 위부위 바깥쪽벽 및 코중격의 일부를 이루는 가벼운 공기뼈

- 상악골(위턱뼈, Maxilla Bone): 얼굴의 중앙에 위치하는 튼튼한 뼈로 좌·우 한 쌍

- 하악골(아래턱뼈, Mandible): 우리 인체에서 가장 강한 뼈로서 수평한 말굽모양

- 서골(보습뼈, Vomer): 코 안속의 정중선을 따라 위치

- 설골(목뿔뼈, Hyoid Bone): 후두 위쪽 방패연골의 위모서리 가까이에 있는 U자 모양의 가늘고 작은 뼈

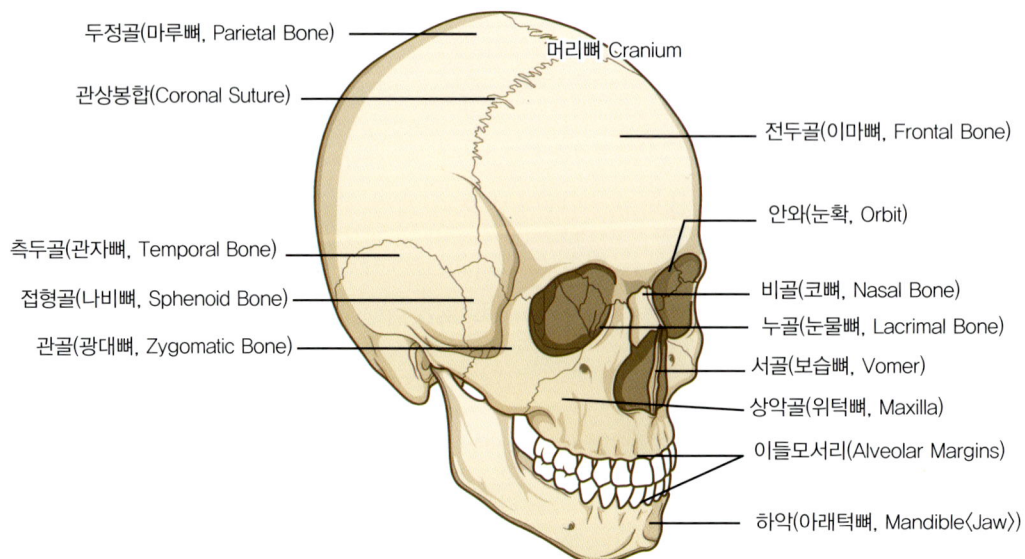

그림 3-1. 안면 두개골

2. 안면 근육계(Muscles of the Face)

머리뼈(머리와 얼굴)의 근육은 천재성의 얼굴근육과 심재성의 씹기근육으로 구분할
수 있다. 얼굴근육은 대부분 머리뼈에서 시작하여 진피에 부착되어 있고, 얼굴피부
아래에 위치하며 근육의 수축과 이완을 통해 얼굴 피부의 운동에 관여한다. 또한 안
면신경에 영향을 받아 얼굴 표정을 짓는 중요한 역할을 하며 즐거움, 슬픔, 불쾌감,
분노, 고통 등과 같은 감정을 표현할 수 있는 것이다.

1) 안면 근육(Muscle of Facial Expression)

- 전두근(이마근, Frontalis): 이마의 횡주름을 만들고, 눈썹을 치켜세워 놀란 표정
  을 만듦
- 후두근(뒤통수이마근, Occipitofrontalis): 눈썹을 올려 놀란 표정을 지음, 이마에
  주름을 만들고, 머리의 손상 예방
- 측두두정근(관자마루근, Temporoparietalis): 머리덮개를 팽팽하게 함, 관자부분
  의 피부를 뒤로 당김
- 후두근(뒤통수근, Occipitalis): 모상건막을 당겨 두피를 뒤로 당기고 이마 주름을 폄
- 안륜근(눈둘레근,Orbicularis Oculi): 눈꺼풀을 조임, 눈을 감음
- 추미근(눈썹주름근, Corrugator Supercili): 눈썹을 내리고 이마에 주름 형성, 눈
  살을 찌푸릴 때 주름을 짓게 함
- 구륜근(입둘레근, Orbicularis Oris): 입을 닫고 입술을 오므림
- 대관골근(큰광대근, Zygomaticus Major): 입꼬리를 뒤와 위로 당김(웃을 때)
- 소관골근(작은광대근, Zygomaticus Minor): 코입술고랑을 깊게 함(슬플 때)
- 상순거근(윗입술올림근, Levator Labii Superioris): 윗입술을 가쪽으로 올려서
  싫은 표정을 지음

- 구각거근(입꼬리올림근, Levator Anguli Oris): 입꼬리를 올림

- 협근(볼근, Buccinator): 볼을 압박하여 공기를 내뿜음, 풍선을 불 때 입안의 압력을 유지하고 입을 꼭 다문 표정으로 성난 표정

- 소근(입꼬리당김근, Risorius): 입꼬리를 들임

- 하순하체근(아랫입술 내림근, Depressor Labii Inferioris): 아랫입술을 내리고 가쪽으로 당김

- 구각하체근(입꼬리 내림근, Depressor Anguli Oris): 입꼬리를 내리고 슬픈 표정을 지음

- 상순비익거근(윗입술콧망울올림근, Ievator Iabii Superioris Alaequenasi): 윗입위로 당기며 코에 주름을 만듦

- 광경근(넓은목근, Platysma): 입꼬리를 아래로 당겨 슬픈 표정을 짓고 목의 주름을 형성함

- 이근(턱끝근, Mentalis): 턱을 아래로 끌어내리고 턱 피부에 주름을 만듦

- 측두근(관자근, Temporalis): 아래턱 거상, 후인

- 교근(깨물근, Masseter): 한쪽 작용-외측 편위, 양쪽작용- 아래턱뼈 거상

- 내측익상근(안쪽날개근, Medial Pterygoid): 아래턱뼈의 전인(턱을 앞으로 내밈), 아래턱 뼈 거상

- 외측익상근(가쪽날개근, Laterl Pterygoid): 한쪽- 반대측으로 외측 편위, 양쪽-턱을 벌림, 하악전인(아래턱을 앞쪽으로 뺌)

- 악이복근(두힘살근, Digastric): 설골 거상, 턱 벌리기

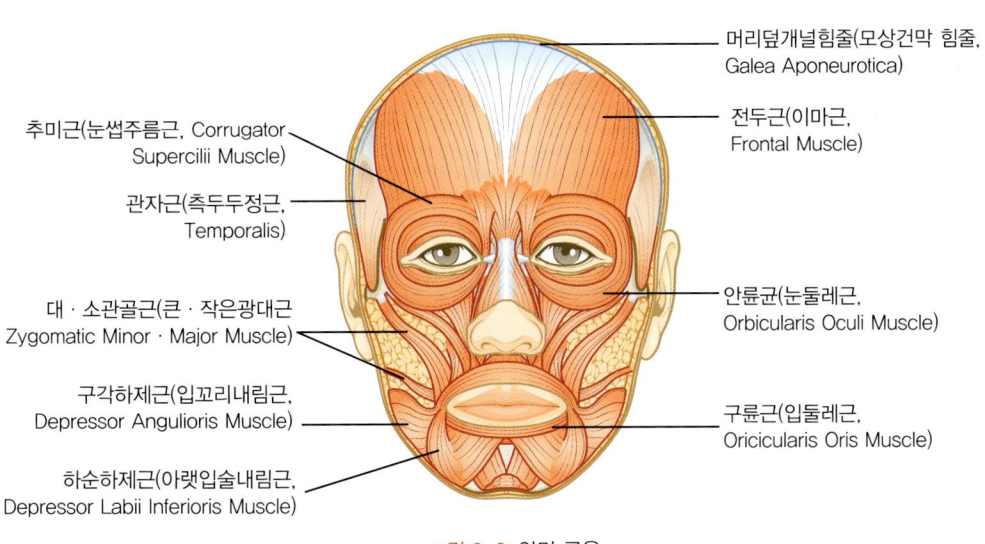

추미근(눈썹주름근, Corrugator Supercilii Muscle)

관자근(측두두정근, Temporalis)

대 · 소관골근(큰 · 작은광대근 Zygomatic Minor · Major Muscle)

구각하제근(입꼬리내림근, Depressor Angulioris Muscle)

하순하제근(아랫입술내림근, Depressor Labii Inferioris Muscle)

머리덮개널힘줄(모상건막 힘줄, Galea Aponeurotica)

전두근(이마근, Frontal Muscle)

안륜균(눈둘레근, Orbicularis Oculi Muscle)

구륜근(입둘레근, Oricicularis Oris Muscle)

그림 3-2. 안면 근육

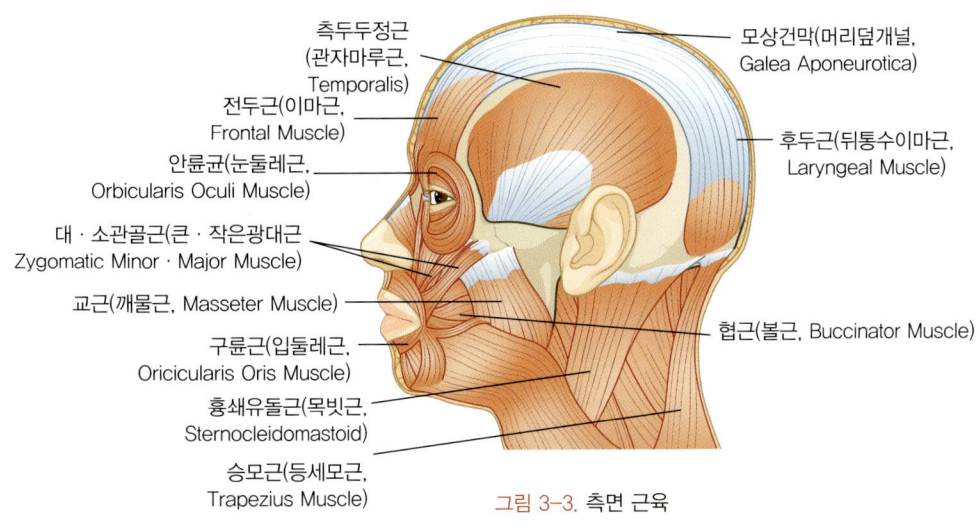

측두두정근 (관자마루근, Temporalis)

전두근(이마근, Frontal Muscle)

안륜균(눈둘레근, Orbicularis Oculi Muscle)

대 · 소관골근(큰 · 작은광대근 Zygomatic Minor · Major Muscle)

교근(깨물근, Masseter Muscle)

구륜근(입둘레근, Oricicularis Oris Muscle)

흉쇄유돌근(목빗근, Sternocleidomastoid)

승모근(등세모근, Trapezius Muscle)

모상건막(머리덮개널, Galea Aponeurotica)

후두근(뒤통수이마근, Laryngeal Muscle)

협근(볼근, Buccinator Muscle)

그림 3-3. 측면 근육

3. 안면 혈점 및 각론

1) 안면의 주요 혈점 및 효과

- **백회**: 두정부에 있으며 신경을 진정시킴, 피부 윤기 부여
- **찬죽**: 눈썹 머리 내측 약간 들어간 곳, 눈가 잔주름 예방, 눈 피로감을 덜어줌
- **정명**: 눈머리와 코 사이 들어간 부분, 눈을 맑게 하고 눈가 잔주름을 예방
- **동자료**: 눈꼬리 들어간 부분, 눈 주위 잔주름을 예방
- **사백**: 눈 중앙 바로 아래(약3㎝ 밑), 눈을 맑게 하고 눈 아래 잔주름을 예방
- **거료**: 콧망울 외측에서 약 2㎝ 떨어진 사백 바로 아래, 볼 처짐 예방
- **영향**: 콧망울 바로 옆, 안면 부종 완화, 피부 윤기 부여
- **수구**: 코 아래 골 인중 중앙에 있는 부위, 입주위의 피로를 덜어줌, 얼굴 부종 예방
- **지창**: 입과 입술이 끝나는 부분, 입 주위 주름 예방, 입가 처짐 예방
- **승장**: 아래 입술 중앙아래, 입 주위 피로를 덜어주고 주름 예방
- **예풍**: 머리 전체의 혈액순환을 돕고 눈의 피로, 치통, 편두통에 효과적임
- **승읍**: 눈동자 아래 정중앙, 눈을 맑게 하고 눈 아래 잔주름 예방
- **하관**: 상악골과 하악골 사이 함몰 처, 얼굴 부종, 주름 예방, 미백 효과
- **관료**: 광대뼈 밑 귓밥선상, 얼굴 주름 개선, 얼굴 부종 예방

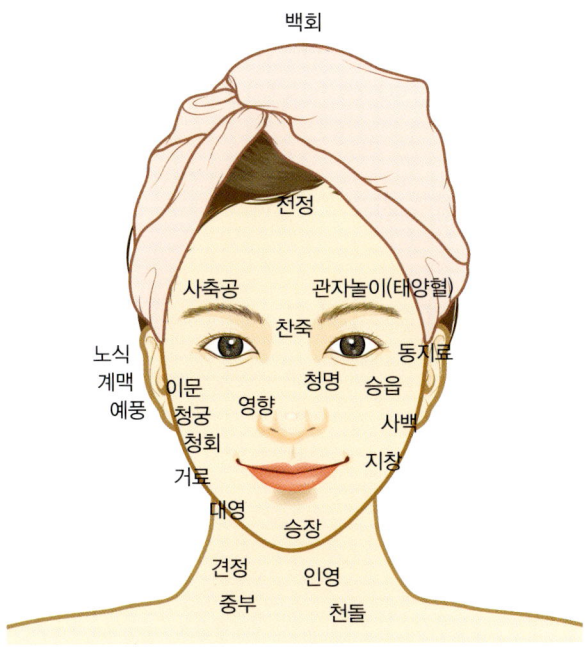

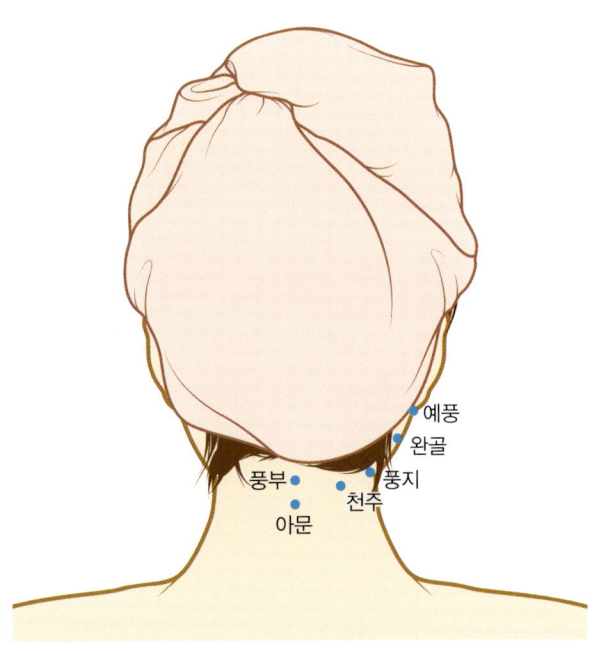

그림 3-4. 안면 혈점

Chapter 04 피부관리를 위한 준비 및 위생

Basic skin care

1. 피부관리실의 환경적 준비사항

1) 베드 정리

• 베드 규격에 맞추어 베드 보를 씌운다.

• 고객이 추위는 느낄 때 사용할 전기담요를 준비한다.

• 청결한 큰 타월로 덮은 후 그 위에 1회용 위생 커버지를 사용한다.

• 고객의 머리와 어깨가 닿을 베드 윗부분에 타월을 깔아준다.

• 고객의 머리 부분에 헤어터번을 깔아준다.

• 고객에게 덮어줄 큰 타월이나 이불을 준비한다.

• 제품이 고객의 가운이나 이불에 묻지 않게 중 타월을 사용하여 커버한다.

• 고객이 필요시에는 낮은 목 베개를 준비한다.

2) 작업대(웨건) 정리

• 작업대는 이동식의 피부관리용 웨곤을 준비한다.

• 관리 전에는 항상 알코올이 70% 이상 함유된 소독제로 소독하여 준비한다.

• 관리계획 차트, 펜, 관리사 전용 타월, 쓰레기통

• 티슈, 화장솜, 면봉, 거즈

• 스파츌라, 팩 브러쉬, 가위, 큰 보울, 작은 보울, 해면(얼굴용, 전신용), 핀셋

- 족집게, 눈썹가위, 눈썹칼, 눈썹 브러쉬, 스팀 타월 및 타월
- 피부미용 관리에 필요한 전문 화장품

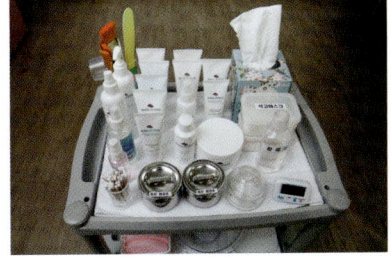

그림 4-2. 작업대(웨건) 상단

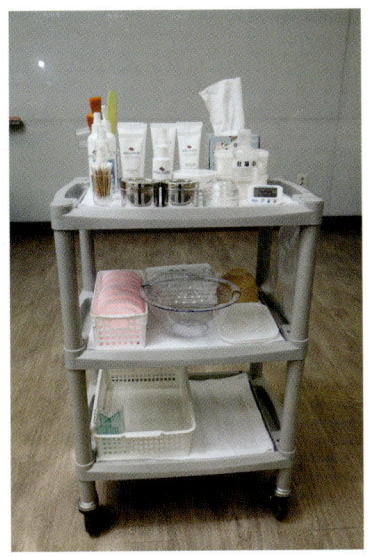

그림 4-1. 작업대(웨건) 전체

3) 피부관리 전 준비 상태

- 고객 대기실, 피부관리실, 샤워실, 탈의실, 메이크럽실, 화장실 등 고객이 사용하는 공간은 항상 깨끗하고 청결한 상태를 유지할 수 있도록 준비한다.
- 피부관리실 내부 바닥은 청소와 소독이 용이한 재질을 선택하고 물기가 있을 시 미끄럽지 않도록 한다.
- 피부미용 관리에 필요한 전문 화장품 및 도구 등을 준비한다.
- 안전 및 철저한 위생관리를 위하여 소독된 도구와 기기를 점검하고 준비한다.
- 베드정리 및 작업대(웨건)를 효율적으로 배열 및 정돈한다.
- 고객 관리하는 동안 피부관리사가 사용할 수 있는 전용타월을 준비한다.

- 방에 냉방 · 난방(온도), 공기 청정(환기 상태), 채광 · 조명, 음악 여부 확인한다.
- 피부관리실 내부의 소음을 흡수할 수 있도록 방음 시설을 갖춘다.
- 피부관리실 주변 환경을 깨끗하고 안락하게 만든다.
- 고객의 심리적 안정감을 취할 수 있게 조용한 음악을 준비한다.
- 고객의 눈에 부담이 가지 않도록 은은한 조명을 활용한다.
- 고객 관리 카드를 미리 확인한 후 프로그램에 맞추어 모든 준비를 한다.
- 관리 직전에 고객의 편안함을 다시 체크하여 불편함을 최소화 한다.
- 고객의 피부에 이상이 있는 지를 확인하고 피부타입에 맞게 화장품을 사용한다.
- 화장품 사용 시 반드시 스파츌라를 사용한다.
- 관리사의 손은 항상 부드럽고 따뜻하게 해야 한다.

2. 피부미용사가 갖추어야 할 준비사항

1) 피부미용사의 위생상태

- 피부미용사는 전염병 및 건강상태를 항상 체크하여 확인한다.
- 피부미용사의 손가락에 외상이 있을 때는 고객의 피부에 직접 닿지 않도록 주의한다.
- 깨끗한 흰색 위생복, 흰색 실내화를 신는다.
- 개인위생 관리를 철저하게 한다.
- 청결하게 손톱은 짧게 유지하고, 손이 거칠어지지 않도록 관리한다.
- 고객관리 전이나 후에는 반드시 손을 씻는다.
- 관리 중에 자신의 얼굴이나 머리를 만지지 않는다.
- 네일 에나멜을 칠하지 않는다.
- 모든 액세서리는 착용하지 않는다.

- 머리는 단정히 한다.
- 입 냄새, 큰 호흡(콧김)이 고객 얼굴의 정면으로 닿는 것을 방지하기 위하여 꼭 마스크를 착용하고 피부관리 시작하기 직전에는 구강 청결제를 사용한다.
- 적당한 휴식과 운동, 균형 있는 식생활을 통해 건강한 생활을 유지한다.
- 피부미용사는 전염성 질환 발생의 예방 및 지속적인 예방효과를 위해 필요한 예방 접종을 하도록 한다.
- 피부미용사는 정기적인 건강검진을 받아야 한다.

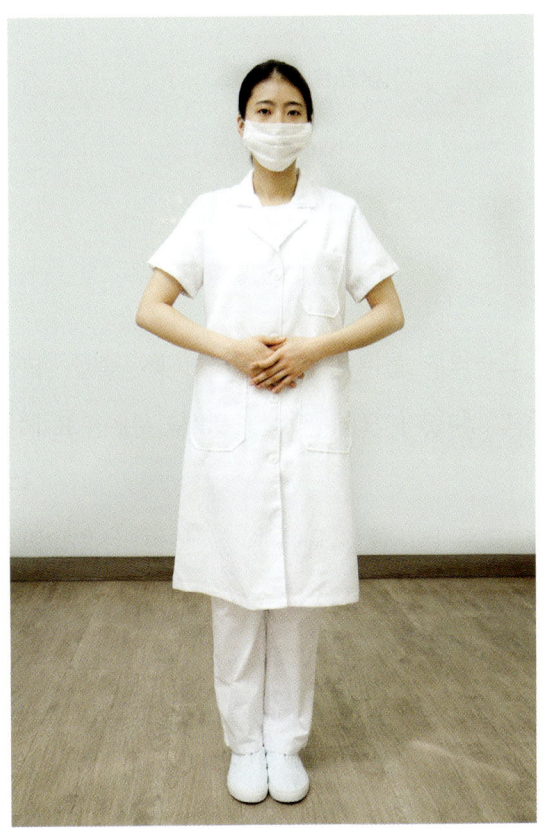

그림 4-3. 피부미용사 모습

3. 피부관리 시 사용되는 필요 물품 준비

1) 침대 및 정리대 준비

- 이동 정리대(Cart, Wagon, Carriage)
- 베개(얼굴 쿠션), 베개 커버
- 미용솜(Cotton Pad, Puff)
- 면봉(Swab, Q-Tips)
- 티슈(Tissue)
- 보올(Bowl)
- 해면(Sponge)
- 스팀타월(Steam Towel) 및 수건(Towel)
- 호일, 랩(Foil, Wrap)
- 핀셋(Forceps)
- 가위(Scissors)
- 소독용 알코올(70%)
- 팩브러쉬(Pack-Brush)
- 팩보올(Pack Bowl)
- 란셋(Lancet · 니들(Needle)
- 스파츌라(Spatula)
- 거즈(Gauze)
- 족집게(Tweezer)
- 눈썹가위
- 눈썹 면도칼
- 눈썹 브러쉬

- 피부관리 전문화장품(Cosmetic)

2) 기본 소품 및 비품

- 가운(관리사, 고객)
- 쓰레기통(Dust Box)
- 고객카드(Client Card)
- 온장고(Hot Box) 또는 타월스팀기(Towel Warmer)
- 자외선 소독기(UV- Sanitizer) 또는 멸균기(Dry/Cabinet Sanitizer)

3) 기계 장비

- 확대경(Magnifying Lamp)
- 우드램프(Wood Lamp)
- 스티머(Steamer Machine)
- 고주파기(High Frequency Current, HFC)
- 초음파기(Ultrasound)
- 피부 pH측정기
- 유 · 수분 측정기(Sebum Meter · Corneometer)
- 피부 측정기(Skin Scanner)
- 브러싱 머신(Brushing Machine)
- 진공 흡입기(Vaccum Suction)
- 스프레이 머신(Spray Machine)
- 갈바닉 또는 바이탈 이온트(Galvanic Machine · Ionos Machine)
- 적외선 등(Infrared Lamp)

- 스킨 스크러버(Skin Scrubber)
- 엔더몰로지(Endermologie)
- 프레셔테라피(Pressuretherapy)
- 바이브레이터기(Vibrator)
- 제모기기

4. 소독 및 멸균

1) 정의

(1) 세척(Cleansing)

대상물로부터 모든 이물질을 제거하는 과정으로 물, 기계적 마찰, 세제에 의해 이루어지며, 소독과 살균의 전 단계로써 매우 중요하다.

(2) 소독(Disinfection)

세균의 아포를 제외하고 동물 및 사람에게 직접적으로 질병을 유발하는 표적이 되는 병원성 미생물만 제거하는 것으로 완전한 무균상태가 되는 것은 아니다.

(3) 멸균(Sterilization)

물리적 · 화학적 방법을 통하여 병원성과 비병원성을 불문하고 미생물을 모두 단시간 내에 완전하게 사멸시키는 것으로 살균 후에는 완전히 무균 상태가 된다.

(4) 방부

병원성 미생물의 발육과 작용을 제거하거나 정지시켜 음식물의 부패나 발효를 방지하는 것을 말한다.

(5) 살균

생활력을 가지고 있는 미생물을 여러 가지 물리·화학적 작용을 통해 급속하게 죽이는 것을 말한다. 멸균과는 달리 내열성 포자는 생존한다.

(6) 소독제

질병을 일으키는 미생물을 사멸시키거나 성장을 방지한다.

(7) 방부제

화학적인 물질로서 살아있는 세포 위에 있는 유기물의 성장을 제한하는 역할을 한다.

(8) 살균제, 살충제

박테리아를 무해하게 만들기 때문에 일반 관리실에서 많이 사용한다.

2) 소독 및 멸균 방법

(1) 자연소독법: 희석, 태양광선, 한랭 등

① 일광소독법: 소독대상 – 타월, 습포, 해면, 스톤, 베드커버

(2) 물리적 멸균 방법

① 건열 소독법

    ㉠ 화염 멸균법: 멸균하고자 하는 물체를 불꽃에 20초 이상 직접 접촉시켜 표면에 붙어 있는 미생물을 태워서 사멸시키는 방법으로 소독대상물에는 핀셋, 금속제품, 사기제품, 유리제품 등이 있다.

    ㉡ 건열멸균법: 건열을 이용하여 미생물을 산화 또는 탄화시켜 멸균하는 방법으로 소독 대상물에는 금속제품, 사기제품, 유리제품, 광물유, 파라핀 등이 있다.

    ㉢ 소각 소독법: 병원미생물이 오염된 것을 태워버리는 방법으로 전염병 환자의 배설물, 토사물 또는 쓰레기는 반드시 소각해야 한다.

② 습열 소독법

    ㉠ 저온소독법: 소독할 대상의 영양성분 파괴를 방지하거나 맛의 변질을 막고 결핵균, 소의 유산균, 살모넬라균 및 구균들의 감염 방지를 목적으로 한다.

    ㉡ 자비소독법: 소독할 물품을 끓는 물에 넣어 미생물을 사멸시키는 방법으로 소독대상 물에는 온습포, 유니폼, 베드 시트, 금속기구 등이 있다.

    ㉢ 고압증기 멸균법: 현재 가장 널리 이용되는 멸균법으로 고온 고압의 수증기를 미생물과 포자등과 접촉시켜 사멸시키는 방법으로 소독대상물에는 수술기구, 주사기, 의류, 금속제품, 고무재료 등이 있다.

    ㉣ 간헐 멸균법: 고압증기멸균법에 의한 가열온도에서 파괴될 수 있는 물품을 멸균할 때 이용되는 방법으로 소독대상물에는 금속제품, 사기제품, 붕대재료 등이 있다.

③ 자외선 소독: 저전압 수은 램프를 이용하여 살균력이 강한 260~280nm의 전자파를 방사 시켜서 멸균하는 방법으로 소독대상물에는 팩붓, 팩볼, 가위 등이 있다.

④ 가스에 의한 멸균법

  ㉠ E.O(에틸렌옥사이드)가스: 일반적인 액체 상태의 살균제에 비해 작용은 빠르지 않지만 수용액 상태나 가스 상태에서도 광범위한 미생물에 대해 살균작용을 나타낸다. 소독대상물에는 침구류, 매트리스, 플라스틱 고무제품 등이 있다.

  ㉡ 포름알데히드: 의료 기구를 소독하는데 유용하고 오랫동안 감염병 환자의 가스 살균제로 이용되어 온 것으로 세균 포자를 포함한 광범위한 미생물의 살균에 유효하다.

  ㉢ 오존: 산화작용으로 인해 미생물을 사멸시키며 살균작용이 매우 강하나 불안정하고 눈·코·목 등의 점막에 자극성이 심하여 일반 가스멸균제로는 이용 범위가 매우 좁다.

(3) 화학적 소독방법

① 알코올(Alcohol): 에탄올과 이소프로판올을 주로 이용하고, 60~90% 농도가 가장 효과적이며 미생물의 단백질 변성이나 대사 기전을 저해시켜 소독 작용을 갖는다. 손, 피부 및 기구 소독에 주로 사용된다.

② 알데히드(Aldehyde)류: 세균포자에 대해 살균력을 보이는 유일한 소독제로써 포름알데히드, 글리옥시살, 글루타르알데히드 등이 있다.

③ 계면활성제: 계면장력을 저하시키는 작용을 하는 화합물의 총칭으로 살균작용을 나타내는 계면활성제는 양이온, 음이온 및 양성 계면활성제이고, 이중에서

양이온 계면활성제의 살균력이 가장 우수하다.

④ 할로겐 화합물: 살균력이 우수하여 바이러스, 세균, 세균포자, 곰팡이, 원충류 및 조류와 같이 광범위한 미생물에 대해서도 살균력을 갖고 있다.

⑤ 페놀화합물: 페놀, 크레졸, 헥사클로로펜 등이 있다. 페놀은 석탄산이라고 하며, 독성이 문제되어 사용빈도가 현저하게 떨어졌으나 이것을 모체로 한 화합물, 즉 치환 페놀, 비스페놀이 살균·방부 분야에 널리 이용되고 있다.

⑥ 과산화수소: 강력한 산화력에 의하여 미생물을 살균할 수 있는 소독약제로서 표백·탈취 및 살균 등의 작용을 하기도 한다.

**Chapter
05**

Chapter 05 피부상담 및 분석

1. 피부상담(Client Counselling)

상담의 절차는 트리트먼트에서 가장 중요한 단계로 고객에 대한 여러 가지 정보를 세심하게 기록하고 파악 할 수 있으며 고객의 피부관리를 계획하고 시행 할 수 있다. 고객에게 미소를 띤 얼굴로 고객과의 시선을 맞추며 자연스러운 대화를 유도하고 편안함을 느낄 수 있도록 해주어야 한다. 이는 심리적으로 안정감을 유도 해 줄 수 있는 필요한 단계이기도 하다. 또한 고객의 정보는 개인사항으로 보안이 유지된다는 것을 알리고 고객의 사생활을 보호하는 것은 고객과 피부관리사간의 직업적 신뢰를 쌓을 수 있는 기초가 될 수 있다.

2. 상담 목적

- 고객의 방문 목적이 무엇인지 확인한다.
- 피부 상태 및 생활 패턴 등을 조사하여 피부 문제의 원인을 파악한다.
- 피부 문제의 원인을 해결할 수 있는 방법과 피부관리 계획을 수립한다.
- 고객에게 시행 할 피부관리 방법 및 화장품의 목적과 특징을 설명한다.
- 고객이 받는 피부미용관리의 목적을 정확히 이해시키도록 하며 관리사 또한 고객의 요구를 정확히 이해한다.
- 관리 시 진행 정도를 알려주며 관리사가 고객에게 늘 관심을 갖고 있다는 것을 표명한다.

3. 상담 효과

- 고객과의 좋은 관계를 형성할 수 있는 기회를 제공한다.
- 고객이 피부미용관리에 대해 기대하고 있는 것이 무엇인지를 발견할 수 있다.
- 고객에게 피부관리의 필요성과 중요성을 인식하게 된다.
- 고객의 신뢰감과 만족감을 높인다.
- 피부문제를 파악하여 효율적인 관리 계획을 수립할 수 있다.
- 전문적인 피부관리방법을 제시 할 수 있다.
- 피부관리의 홈케어 조언이 가능하다.
- 심리적 안정감을 유도한다.
- 피부관리 후 발생될 수 있는 문제점을 최소화 할 수 있다.

4. 고객 관리카드 작성

- 고객신상카드
- 피부 유형 진단카드
- 고객 피부 관리 기록 카드

5. 피부분석(Skin Analysis)

고객의 피부 상태를 분석하여 적절한 트리트먼트를 선택하는 데 있으며 피부타입에 따른 올바른 피부 관리법을 결정하기 위하여 과학적인 피부분석 방법을 활용해야 한다. 또한 고객의 피부상태에 맞는 화장품 선택과 피부관리 응용방법, 실제적인 테크닉을 선별하여 올바른 피부관리가 이루어져야 한다.

6. 피부 분석방법

1) 문진

고객과 질의와 응답을 통해 판독하는 방법으로 고객카드를 작성하게 되는데 고객의 연령, 결혼유무, 직업, 생활환경, 성격, 병력, 식습관, 운동습관, 피부관리 습관 등에 관한 질문을 통하여 여러 가지 사항을 알 수 있게 되고 기록하게 되어 피부분석에 도움이 된다.

2) 촉진

손의 촉감을 통해 피부를 판별하는 방법으로 고객의 피부를 만져보거나 눌러 봄으로써 피부의 탄력성이나 부드러움, 피부조직의 두께 및 피부결, 민감도, 피부 피지분비량 등을 판별할 수 있다.

3) 견진

확대경이나 육안으로 피부를 판별하는 방법으로 장시간의 경험이 요구되며 피부의 조직이나 피부색, 보습상태, 모공의 크기, 색소 상태, 피부 투명도, 건조상태, 여드름, 민감 정도 등을 판별할 수 있다.

4) 기기를 이용한 분석

육안으로 피부를 정확히 판단하기 어려울 경우 확대경이나 피부 분석기(우드램프) 등을 통하여 정확한 피부분석을 한다.
- 우드램프(Wood Lamp)

- 확대경(Magnifying Lamp)
- 스킨 스캐너(Skin Scanner)
- pH측정기
- 유 · 수분 측정기(Sebum Meter · Corneometer)

5) 피부 분석 과정(Procedure for Skin Analysis)

- 전문적인 세안 단계에 따라 철저히 세안한다.
- 세안 후 눈에 아이패드를 덮고 확대경이나 우드램프로부터 눈을 보호한다.
- 피부 분석이 진행됨에 따라 무엇이 이루어지는지를 고객에게 설명한다.
- 확대경 또는 피부분석 기기를 통해 얼굴 전체와 목의 피부를 관찰한다.
- 양손의 가운데 손가락을 사용하여 손가락 사이에 피부의 작은 부분을 집어 피부의 조직과 모낭의 구멍 크기를 보기 위해 살짝 당긴다.
- 피부 분석 후에는 분석카드를 작성하고 분석 결과를 고객에게 설명하며 고객의 피부 상태, 발생원인 등의 배경을 설명하고 관리 목적과 방법을 제시한다.

6) 피부 분석 시 유의사항

- 피부는 내 · 외적, 정신적, 식생활, 환경 요인, 화장품, 호르몬 요법, 다이어트, 임신 등에 따라 달라질 수 있다.
- 계절, 건강상태, 생리 등의 변화 변수를 확인한다.
- 분석 시 세안 후에 실시한다.
- 피부분석 전에 반드시 피부관리사의 손을 청결히 하고 소독한다.
- 온도, 습도 등의 환경에 피부가 영향을 받지 않도록 일정한 환경을 조성하도록 한다. 실내 환경은 18~22℃를 유지하고 조명은 형광등을 사용한다.

- 외관 관찰 시 비슷한 느낌을 받더라도 각 개인에게는 감수성의 차이가 있다는 점을 감안하여 항상 세부적인 것까지 신경을 써야 한다.
- 피부타입에 따른 기기사용을 안전하고 올바르게 사용해야한다.
- 피부분석에 따른 홈케어 방법을 고객이 이해하기 쉽게 설명해야 한다.

7. 피부유형별 관리방법

피부 표면의 유·수분 함량에 따라 건강한 피부 유형인 정상피부를 기준으로 건성, 지성, 복합성으로 분류할 수 있다. 피부의 유형을 결정하는 방법으로 모공의 크기와 피지 분비량과 상태에 따라 구분할 수 있고, 피부의 두께 측정, 피부결과 피부조직 분석, 혈액순환 상태, 색소침착 정도, 피부색, 피부 탄력성 등 세안 후 당김의 정도 등에 따라 구분할 수 있다.

1) 정상피부(Normal Skin)

(1) 특징

- 건강하고 이상적인 피부 상태를 말한다.
- 피지선의 기능이 정상적으로 이루어져 피부가 유연하고 피부결이 섬세하다.
- 유·수분 균형이 잘 이루어져 있다.
- 기미나 잡티 등 색소의 침착이 없고 피부가 깨끗하다.
- 모공이 작고 눈에 잘 띄지 않는다.
- 탄력이 있고 부드러우며 안색이 투명하고 엷은 분홍색의 피부 톤을 가진다.
- 각질이 정상적으로 형성되어 있다.
- 세안 후 피부 당김 증세가 없으며 각질이 일어나지 않는다.

- 외부환경에 저항력이 강하며 피부의 이상 증상이나 이상 징후가 없다.
- 메이크업 후에도 번들거림이나 끈적임이 없으며 잘 지워지지 않고 오랫동안 유지된다.

(2) 관리방법

- 규칙적이고 올바른 기초 손질을 통해 피부의 유·수분 밸런스가 깨지지 않도록 한다.
- 장시간 자외선에 노출되지 않도록 하며 유해환경으로부터 피부를 보호한다.
- 계절과 나이에 따라 화장품을 선택하여 관리한다.
- 규칙적이고 균형 잡힌 식사, 적당한 운동, 스트레스 관리, 충분한 수면 관리 등을 통해 현재 피부상태를 보호하고 유지한다.
- 주 1~2회 보습 팩, 영양팩을 하여 피부의 보습 및 신진대사를 원활하게 해준다.
- 피부의 유연 및 보습을 줄 수 있는 화장수, 수분크림, 에센스 등을 사용한다.

2) 건성피부(Dry Skin)

(1) 특징

- 피부결이 얇고 표면이 약간 거칠며 유연성이 적다.
- 피지분비는 물론, 땀 분비가 적어 피부표면이 건조하고 거칠며 당기는 현상이 나타난다.
- 각질층의 수분이 10% 이하이며, 유·수분의 불균형으로 건조하며 각질이 보인다.
- 피부의 저항력이 약하고 알레르기 반응이 일어나기 쉬우며 민감해질 수 있다.
- 피지분비가 적어 모공이 거의 보이지 않으며 피부의 윤기가 없다.
- 세안 후 건조하고 심하게 당기며 소양증을 동반하기도 한다.
- 탄력성이 떨어지고 잔주름이 생기기 쉽다.

관리계획 차트(Care Plan Chart)-정상피부

비번호	형별	시험일자 20 . . (부)	

관리목적 및 기대효과	관리목적: 유·수분의 균형이 잘 이루어져 있는 정상피부로 현재의 피부 상태를 유지하기 위해 보습관리를 해주며 주름 및 색소침착을 사전에 예방하는 보호 관리를 함으로써 현재 상태를 유지하고 좀 더 나아가 노화를 지연시키고자 한다.
	기대효과: 피부에 영양을 공급하고 보습을 유지하여 피부에 탄력과 생기를 불어넣어 건강하고 아름다운 피부를 만들어주고자 한다.

클렌징	□ 오일　　　□ 크림　　　□ 밀크/로션　　　□ 젤
딥클렌징	□ 고마쥐　□ 효소　　　□ AHA　　　　□ 스크럽
매뉴얼 테크닉 제품타입	□ 오일　　　□ 크림
손을 이용한 관리형태	□ 일반　　　□ 림프

팩	T존:　□ 건성타입팩　　□ 정상타입팩　　□ 지성타입팩
	U존:　□ 건성타입팩　　□ 정상타입팩　　□ 지성타입팩
	목부위:□ 건성타입팩　　□ 정상타입팩　　□ 지성타입팩

마스크	□ 석고 마스크　　□ 고무모델링 마스크

고객관리계획	1주: 딥클렌징(효소)을 통하여 각질을 제거하고 유효성의 침투를 높여준다. 그리고 매뉴얼테크닉으로 혈액순환 촉진 및 신진대사 기능을 원활하게 해준다.
	2주: 유·수분의 균형을 지속적으로 유지하기 위하여 보습과 영양공급을 위주로 관리를 해주고 콜라겐 또는 모이스쳐라이징 마스크를 적용하고 마무리 단계에 데이크림 및 자외선 차단제를 도포해준다.
	3주: 노화 방지를 위하여 영양공급과 재생. 리프팅 관리에 중점을 둔다.
	4주: 계절에 맞는 화장품을 선택하여 피부의 pH발란스를 유지시켜주며 피부 스트레스 완화를 위한 관리를 통해 피부의 자생력을 높여 준다.

자가관리 조언 (홈케어)	**제품을 사용한 관리** 아침: 클렌징 밀크 – 유연화장수 – 보습 로션 – 데이크림 – 자외선차단제 사용 저녁: 클렌징 폼 – 유연화장수 –보습 로션 – 세럼(콜라겐, 히아루론산, 천연보습인자NMF 등) – 아이크림 – 나이트 크림
	기타 균형 있는 식습관을 갖고, 비타민A·C, 단백질, 칼슘 등 골고루 충분히 섭취한다. 그리고 충분한 물 섭취와 적당한 운동과 수면으로 몸의 컨디션을 조절한다.

- 피부색이 투명하고 창백하다.
- 화장을 하면 오래 지속되지만 화장이 잘 안 받고 발라도 들떠 버린다.
- 피부 조직은 비교적 섬세한 편이다.
- 메이크업 지속력이 떨어지고 들떠 버린다.

(2) 관리방법

- 피부를 건성화 시키는 외부환경으로부터 보호한다.
- 수분 공급을 함께 피지선의 분비 기능을 활성화 시켜주어야 한다.
- 유·수분 공급을 충분히 할 수 있도록 보습 효과가 우수한 화장품을 사용한다.
- 지나치게 유분이 많이 함유된 화장품은 오히려 피부의 항상성을 잃어 피지선의 기능이 퇴화되어 피부 건조화를 가속화시킬 수 있으므로 주의하여야 한다.
- 알코올 함량이 적고 보습기능이 강화된 제품을 바르며 수분섭취를 많이 한다.
- 피부타입에 맞는 유분과 수분이 적절하게 함유된 크림 및 에센스 등을 바른다.
- 주1~2회 보습팩, 영양팩을 사용하여 보습과 피지선이 원활하게 활동하도록 한다.
- 수분 섭취량을 늘리고 알코올이나 카페인 그리고 흡연 등을 삼가도록 권한다.
- 냉난방은 피부 건조화를 유발하므로 실내 습도를 적절하게 유지하여 피부의 수분 증발을 최대한 억제하도록 한다.

관리계획 차트(Care Plan Chart)-건성피부

비번호	형별		시험일자 20 . . (부)	
관리목적 및 기대효과	관리목적: 유·수분이 부족하여 피부표면이 거칠고 당기므로 피부에 수분 공급 및 피지선을 자극하여 피지분비를 정상화시켜주고 규칙적인 보습관리를 목적으로 한다.			
	기대효과: 피지선과 한선의 기능을 정상화시켜주어 피부가 건조하지 않게 하며 피부 표면의 부드러움과 탄력성을 회복하고 피부의 건조함과 잔주름을 개선시킨다.			
클렌징	□ 오일	□ 크림	□ 밀크/로션	□ 젤
딥클렌징	□ 고마쥐	□ 효소	□ AHA	□ 스크럽
매뉴얼 테크닉 제품타입	□ 오일	□ 크림		
손을 이용한 관리형태	□ 일반	□ 림프		
팩	T존: □ 건성타입팩	□ 정상타입팩	□ 지성타입팩	
	U존: □ 건성타입팩	□ 정상타입팩	□ 지성타입팩	
	목부위: □ 건성타입팩	□ 정상타입팩	□ 지성타입팩	
마스크	□ 석고 마스크	□ 고무모델링 마스크		
고객관리계획	1주: 딥클렌징(효소 또는 고마쥐)를 통하여 각질을 제거하고 매뉴얼테크닉으로 혈액순환 촉진 및 신진대사기능을 원활하게 해준다.			
	2주: 유·수분 공급을 충분히 할 수 있도록 보습 효과가 우수한 앰플을 사용하여 피부의 영양공급과 보습력을 강화시켜준다.			
	3주: 수분공급과 함께 피지 분비를 정상화시켜주며 잔주름 발생과 피부 노화진행이 예상되므로 주름관리 및 리프팅 관리를 해준다.			
	4주: 피부의 pH발란스를 유지시켜주며 자극을 최대한 줄여 민감성 피부로 진행되지 않도록 관리를 해준다.			
자가관리 조언 (홈케어)	**제품을 사용한 관리** 아침: 클렌징 밀크 – 유연화장수 – 고보습 에센스 – 영양크림 – 자외선차단제 사용 저녁: 클렌징 오일– 유연화장수 – 세럼(콜라겐, 히아루론산, 천연보습인자NMF등) – 아이크림– 나이트 크림			
	기타 과도한 클렌징을 자제하고, 유분이 지나치게 많이 함유된 화장품 사용도 삼간다. 그리고 온도차가 심한 곳과 냉난방의 건조한 주변 환경을 피하며 충분한 수분 섭취로 건조함을 예방한다.			

3) 지성피부(Oily Skin)

(1) 특징

- 피지선의 분비 기능이 촉진되어 정상보다 과다한 피지가 분비됨으로써 피부표면이 과도하게 번들거리고 끈적거린다.
- 모공이 크고 확장되어 있으며 정상피부에 비해 각질층이 두꺼운 편이다.
- 지나친 피지막에 의해 호흡 기능이 방해되어 피부가 맑지 못하고 피부색이 탁하고 칙칙하다.
- 피지분비가 왕성한 시기인 사춘기부터 청·장년기에 가장 많이 나타나 수 있다.
- 외부자극에 저항력이 강하다.
- 화장이 번들거리며 잘 지워지기 쉽다.
- 피부결의 형태는 소구가 비교적 크고 깊으며 불규칙하다.
- 여드름이 생기기 쉽다.
- T존 부위는 모공에 피지가 많이 쌓여 블랙헤드가 있고, 화이트헤드도 찾아 볼 수 있다.

(2) 관리방법

- 피지분비를 조절해 피부 표면이 번들거리고 끈적거리는 것을 예방한다.
- 과도한 각질이 축적되어 모공이 폐쇄되는 것을 예방한다.
- 면포가 형성되는 것을 예방한다.
- 한선과 피지선의 정상화를 유지하기 위해 균형적인 관리가 이루어져야 한다.
- 모공수축, 진정, 소염 작용을 하는 수렴화장수를 사용한다.
- 수분이 함유된 제품, 피지 조절 기능이 있는 제품을 사용한다.
- 주 2회 정도 딥클렌징을 실시한다.
- 피지분비를 조절해주고 모공 수축, 진정 작용이 있는 팩을 주 1~2회 정도 한다.

관리계획 차트(Care Plan Chart)–지성피부

비번호	형별		시험일자 20 . . (부)

관리목적 및 기대효과	관리목적: 피지선의 과다한 활동성으로 인해 피지 분비량이 많은 지성피부를 피지제거 및 피지분비를 조절해주어 면포 형성을 예방하고 트러블을 감소시키는데 있다. 기대효과: 피지분비로 늘어난 모공을 수축시키고 피지와 노폐물을 제거하는 피부 정화 관리를 통해 깨끗하고 맑은 피부를 기대한다.
클렌징	☐ 오일　　　☐ 크림　　　☐ 밀크/로션　　☐ 젤
딥클린징	☐ 고마쥐　　☐ 효소　　　☐ AHA　　　　☐ 스크럽
매뉴얼 테크닉 제품타입	☐ 오일　　　☐ 크림
손을 이용한 관리형태	☐ 일반　　　☐ 림프
팩	T존: 　☐ 건성타입팩　　☐ 정상타입팩　　☐ 지성타입팩 U존: 　☐ 건성타입팩　　☐ 정상타입팩　　☐ 지성타입팩 목부위: ☐ 건성타입팩　　☐ 정상타입팩　　☐ 지성타입팩
마스크	☐ 석고 마스크　　　☐ 고무모델링 마스크
고객관리계획	1주: 모공 청결과 각질 제거에 중점을 두어서 관리를 한다. 2주: 트러블 흔적과 모공 축소를 위한 재생과 탄력강화 관리를 한다. 3주: 유분이 적은 영양크림에 정화용 에센셜(일랑일랑, 샌달우드, 라벤더, 로즈우드)등을 섞어 림프드레나쥐를 실시한다. 4주: 피지를 흡착할 수 있는 클레이, 해초추출물이 함유된 제품으로 노폐물을 제거한 후에 수분공급 위주의 마스크를 사용하여 관리한다.
자가관리 조언 (홈케어)	**제품을 사용한 관리** 아침: 약산성 세안제 – 수렴화장수 – 지성용 데이크림 – 자외선차단제 저녁: 클렌징 폼 – 수렴화장수 – 아이크림 – 수분에센스 – 나이트크림 **기타** 충분한 수면과 베타카로틴이 풍부한 과일과 채소를 섭취하며, 고온 · 다습한 환경을 주의하고 자외선 차단제를 사용하여 자외선으로부터 피부를 보호해준다.

4) 복합성피부(Combination Skin)

(1) 특징

- 피지분비의 불균형으로 인해서 두세 가지의 피부 형태가 공존하는 피부상태를 말한다.
- 일반적으로 이마, 코, 턱 등은 피지분비가 왕성한 지성이고 볼 부위는 건성이거나 민감성이다.
- 화장품에 의해 접촉성 피부염이 자주 발생할 수 있다.
- 피부색이 얼룩져 보이기도 하며, 부분적 착색이 나타나기도 한다.
- 피부결과 피부조직이 일정하지 않다.

(2) 관리방법

- 피지분비를 정상화시키고 유·수분의 균형을 회복하는 것이다.
- 모공이 넓어지기 쉬운 T존 부위는 아스트리젠트를 솜에 가득 묻혀서 얹어두면 소염 효과가 있다.
- 볼과 턱 부위 등 건조한 부위에는 수분 밸런스를 위해 유연화장수를 사용한다.
- 피지분비가 많은 T존 부위는 주 1~2회 딥클렌징하고, 그 외 부위는 민감한 부위이므로 2주에 1회 정도 실시한다.
- U존 부위는 보습·영양관리를 집중적으로 해준다.
- 기초화장품을 선택 시에 두세 가지 피부타입을 고려하여 부위에 맞게 사용한다.

관리계획 차트(Care Plan Chart)-복합성피부

비번호	형별	시험일자 20 . . . (부)
관리목적 및 기대효과	관리목적: 피지의 분비량이 균형을 이루지 못하여 2가지 이상의 피부상태가 존재하는 복합성 피부타입으로 T존은 피지흡착 및 분비조절, 모공수축과 U존은 보습과 영양공급을 통하여 유·수분 밸런스를 유지한다.	
	기대효과: T존 부위는 피지분비 조절과 청정관리를 통해 깨끗하게 정화시켜 주며 U존 부위는 수분공급을 통해서 촉촉하고 부드러운 피부를 기대한다.	
클렌징	□ 오일　　□ 크림　　□ 밀크/로션　　□ 젤	
딥클린징	□ 고마쥐　　□ 효소　　□ AHA　　□ 스크럽	
매뉴얼 테크닉 제품타입	□ 오일　　□ 크림	
손을 이용한 관리형태	□ 일반　　□ 림프	
팩	T존:　□ 건성타입팩　　□ 정상타입팩　　□ 지성타입팩	
	U존:　□ 건성타입팩　　□ 정상타입팩　　□ 지성타입팩	
	목부위: □ 건성타입팩　　□ 정상타입팩　　□ 지성타입팩	
마스크	□ 석고 마스크　　□ 고무모델링 마스크	
고객관리계획	1주: T존 부위에는 스크럽 또는 고마쥐 타입을 사용하고 U존 부위에는 효소필링을 사용하여 각질을 제거하고 T존 부위에는 피지 흡착팩, U존 부위에는 보습팩을 사용한다.	
	2주: 매뉴얼테크닉을 통해 혈액순환 촉진 및 신진대사기능을 원활하게 해준다.	
	3주: T존과 U존 부위의 상태에 따라 보습과 피지관리를 적절하게 하여 유·수분의 균형을 유지시킨다.	
	4주: 눈가의 잔주름 발생과 피부의 탄력저하가 다소 우려됨으로 피부 재생과 리프팅 관리를 해준다.	
자가관리 조언 (홈케어)	**제품을 사용한 관리** 아침: 클렌징 밀크 – T존 수렴 화장수, U존 유연 화장수 – 수분에센스 – 데이크림 – 자외선 차단제 저녁: 클렌징 폼 – T존 수렴 화장수, U존 유연 화장수 – 아이제품 – T존 수분에센스, U존 유분에센스–T존 수분크림, U존 유분크림(나이트크림)	
	기타 기초 화장품의 선택 시에 2가지 이상의 피부 타입을 고려하여 부위에 맞게 사용한다.	

Chapter
06

클렌징

Basic skin care

1. 클렌징

피부 표면에 묻어 있는 미세한 먼지, 피부의 노폐물, 메이크업 잔여물, 죽은 각질을 깨끗이 제거해주는 것을 말한다.

2. 클렌징의 목적

하루에 1-2번 세정함으로써 피부의 호흡을 원활히 해주며 신진대사를 촉진시켜 건강한 피부를 간직 할 수 있도록 하는 것이다.

3. 클렌징의 종류 및 특징

종 류	특 징
클렌징 로션 or 클렌징 밀크	– 모든 피부타입에 사용가능 – 친수성 상태(O/W)제품으로 이중세안이 필요없음 – 사용 후 느낌이 산뜻함
클렌징 크림	– 친유성 상태(W/O)제품으로 피부의 잔여물이 남아 있으면 피부 트러블 유발이 있어 이중세안이 필요함 – 세정력이 뛰어나 진한 메이크업에 효과적이다 – 지성피부나 여드름 피부는 사용을 피함
클렌징 오일	– 물과 친화력이 있는 오일 성분을 배합시킨 제품으로 물에 쉽게 용해됨 – 진한 메이크업이 잘 제거됨 – 건성, 예민성 노화피부에 접합
클렌징 젤	– 오일 성분이 전혀 함유되지 않아 산뜻하고 청량감이 있음 – 지성, 여드름, 예민피부에 효과적
클렌징 워터	– 가벼운 메이크업을 지울 때 사용함 – 화장수 타입으로 세정력이 낮음 – 피지분비가 많이 분비되는 여름철에 효과적이다.
클렌징 티슈	– 휴대하기 용이함 – 클렌징 워터를 티슈에 적신 것을 휴대용으로 사용
폼 클렌징	– 비누의 단점을 보완하여 피부 당김과 자극을 제거한 제품 – 이중세안 할 때 적합함

표 6-1. 클렌징의 종류 및 특징

4. 클렌징 시 필요한 준비물

피부유형에 맞는 클렌징, 포인트 메이크업 리무버, 토너, 알콜, 면봉, 마른 화장솜, 젖은 화장솜, 온습포, 미용티슈, 해면, 유리볼 등

5. 클렌징 동작

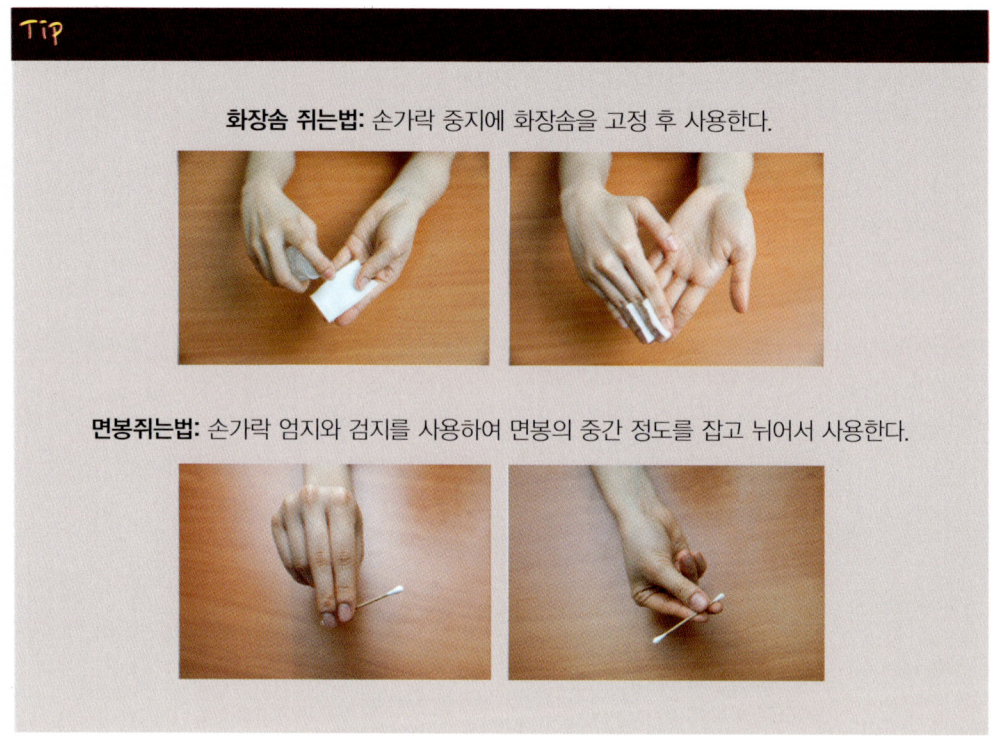

Tip

화장솜 쥐는법: 손가락 중지에 화장솜을 고정 후 사용한다.

면봉쥐는법: 손가락 엄지와 검지를 사용하여 면봉의 중간 정도를 잡고 뉘어서 사용한다.

1) 포인트 메이크업 클렌징(부분화장 지우기)

(1) 손 소독

마른 화장솜에 알코올 이용하여 손바닥, 손등, 손가락사이사이, 손목등을 소독한다.

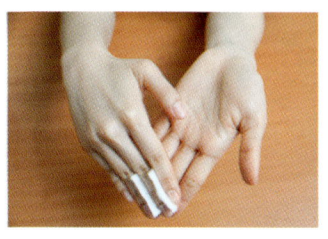  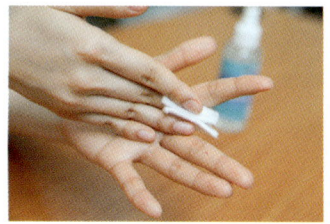

(2) 준비하기

마른솜에 알코올을 이용하여 유리볼 1개를 소독하고 젖은 화장솜 6~8장, 면봉 4~6
개 정도를 소독된 유리볼에 담고 포인트 메이크업 리무버를 충분히 흡수시켜 준비한다.

*.포인트 메이크업 리무버가 너무 과하게 흐르지 않게 주의!

(3) 눈·입술 위에 화장솜 올려놓기

포인트 메이크업 리무버가 묻혀 있는 화장솜 3장을 양쪽 눈, 입술 위에 올려놓은 후
10~30초 정도 기다린다.

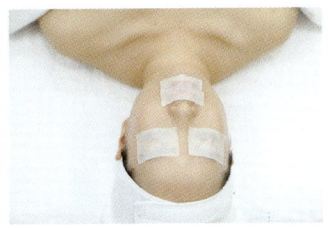

(4) 눈 주변 화장솜 제거하기

손가락 검지, 중지, 약지를 눈 위에 올린 후 눈앞머리에서 눈꼬리쪽 방향으로 닦아준다.

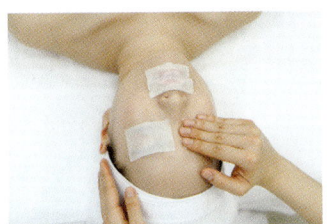

(5) 아이쉐도우 제거하기

4번동작을 한 화장솜을 뒤집은 다음 손가락 중지에 고정 후 눈 밑 → 눈두덩이를 눈 꼬리에서 눈 앞머리쪽으로 원을 그리면서 닦아준다.

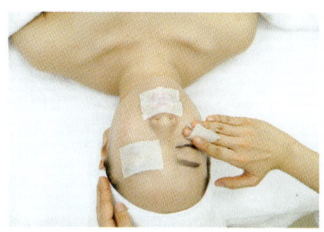

(6) 눈썹화장 제거하기

눈썹꼬리 → 눈썹산 → 눈썹앞머리 순으로 눈썹이 자란 반대방향으로 닦아준다.

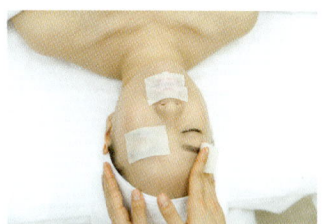

(7) 마스카라 & 아이라인 제거하기

포인트메이크업 리무버가 흡수된 화장솜을 반을 접어 눈 밑에 올려놓고 손가락 엄지, 검지를 이용하여 화장솜을 고정한 다음 다른 한손으로 면봉을 이용하여 마스카라 및 아이라인을 안에서 밖으로 닦아준다.

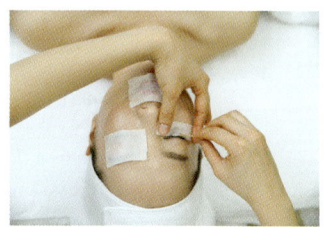

(8) 입술 화장솜 제거하기

한쪽 손바닥을 입술 끝에 고정한 다음 입술 위의 화장솜을 손가락 검지, 중지, 약지를 이용하여 가로로 가볍게 닦아준다.

(9) 입술화장 제거하기

화장솜을 중지에 고정 한 뒤 윗입술과 아랫입술을 원을 그리면서 립스틱 잔여물을 제거 한 뒤, 아랫입술은 아래 → 위 방향으로 윗입술은 위 → 아래 방향으로 입술주름 사이사이 남아있는 립스틱 잔여물을 닦아주고 면봉을 이용하여 마무리 한다.

Basic skin care

2) 안면 클렌징

(1) 손 소독

마른 화장솜에 알코올을 이용하여 손바닥, 손등, 손가락 사이사이, 손목등을 소독한다.

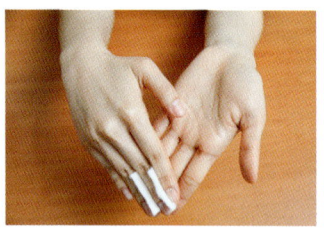 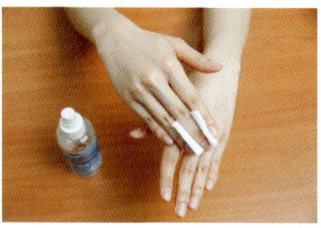 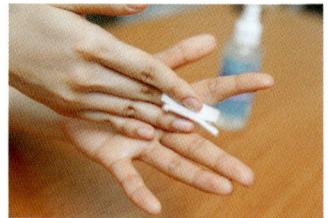

(2) 준비하기

마른 화장솜에 알코올을 이용하여 유리볼 1개를 소독한 다음 고객 피부타입에 적합한 클렌징 제품을 선택하여 소독된 유리볼에 사용할 만큼 덜어 준비한다.

(3) 클렌징 도포하기

마사지 핑거(손가락 중지, 약지)를 이용하여 준비된 클렌징 제품을 앞가슴(데콜테) 3 지점, 턱, 양쪽 볼, 코, 이마를 원을 그리면서 천천히 도포한 다음, 양쪽 손바닥 전체를 이용하여 쓰다듬기 동작으로 안 → 밖깥쪽으로 천천히 도포한다.

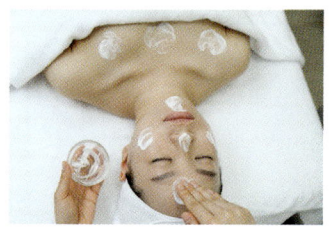 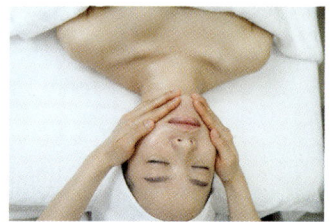

(4) 앞가슴(데콜테) 쓰다듬기

양 손을 어깨에 올려놓은 다음 양손 좌·우 교대 수평방향으로 천천히 쓸어준다.

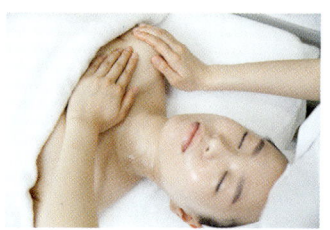

(5) 앞가슴(데콜테) 마찰하기

손가락 검지, 중지, 약지, 소지 손가락을 이용하여 앞가슴(데콜테) 중앙에서 겨드랑이 (액와)부위까지 수영방향으로 원을 그리면서 마찰한다.

(6) 앞가슴(데콜테) 지그재그 동작하기

손가락 검지, 중지, 약지로 압을 주면서 좌·우 교대 수평방향으로 쓸어준다.

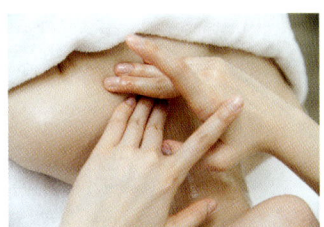
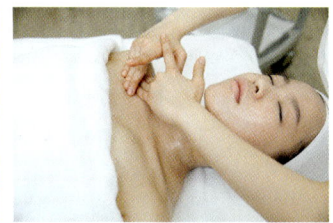

(7) 앞가슴(데콜테) 원 그리기

앞가슴(데콜테) 중앙에 양손을 가지런히 올려놓은 후 양 엄지로 X자하여 고정한 한 뒤 좌·우 교대로 원을 그려준다.

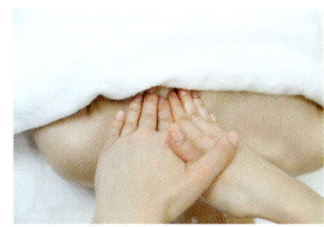
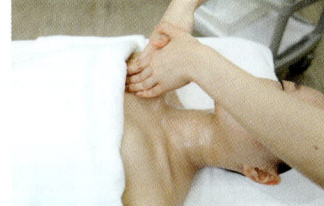
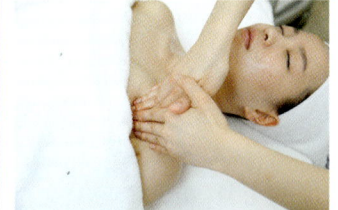

(8) 목 쓸어 올리기

목을 좌·우 교대로 양손을 번갈아 가며 아래 → 위쪽으로 부드럽게 쓸어 올려준다.

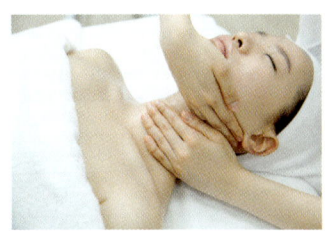
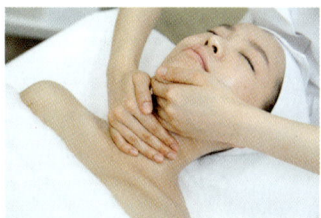
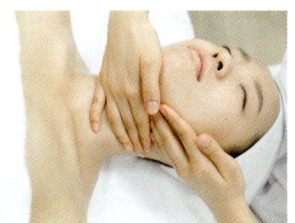

(9) 턱선 쓰다듬기

양손을 귀밑에 고정하고 좌 · 우 교대로 턱밑을 쓸어준다.

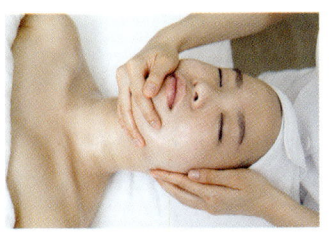 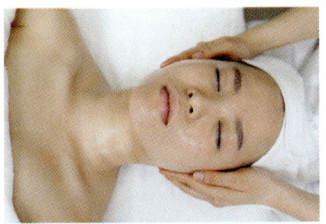

(10) 입주변(구륜근) 쓰다듬기

양쪽 손가락 검지, 중지, 약지, 소지손가락을 턱밑에 고정한 뒤 엄지손가락을 이용하여 턱, 인중을 동시에 번갈아 가면서 쓸어준다.

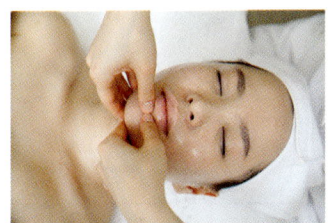 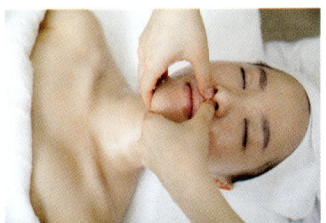

(11) 볼 3등분으로 나누어 마찰하기

양손을 수영반대 방향으로 원을 그리면서 턱 → 귀밑, 입술 옆 → 귀 중앙, 코 옆 → 관자놀이까지 마찰한다.

 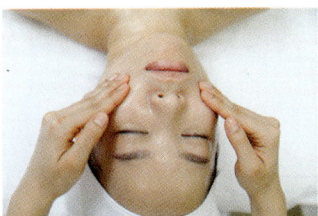 

(12) 콧망울 · 콧대 쓸어주기

엄지손가락을 X자로 깍지 끼고 고정한 뒤 손가락 3지로 콧망울을 수영반대방향으로 원을 그리면서 마찰하고 3지로 콧대를 위 · 아래쪽으로 번갈아 쓸어준다.

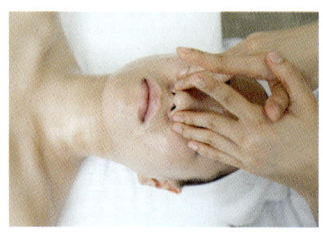 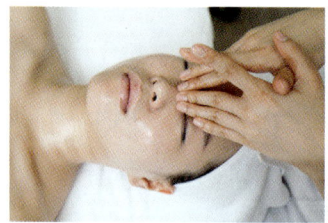

(13) 눈 주위 원 그리기

엄지손가락을 X자로 깍지 끼고 손가락 중지를 이용하여 눈밑 → 눈썹을 따라 수영 반대 방향으로 원을 그려준다.

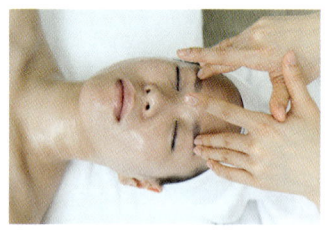 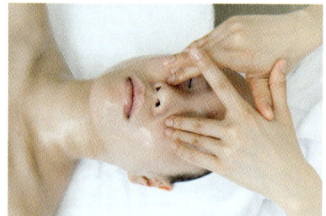

(14) 이마 쓸어올리기

손바닥 전체를 이용하여 아래 → 위쪽으로 손을 번갈아 가면서 이마를 쓸어 올려준다.

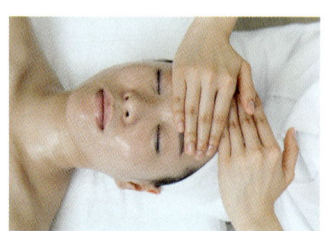

(15) 이마 가로로 쓸어주기

양쪽 손바닥 전체를 좌·우 수평으로 번갈아 쓸어준다.

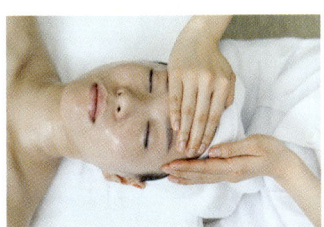
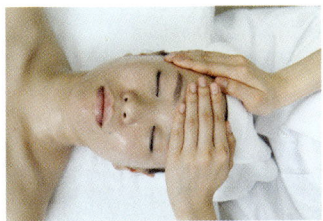

(16) 마무리

관자놀이에서 볼 → 턱쪽으로 감싸면서 마무리 한다.

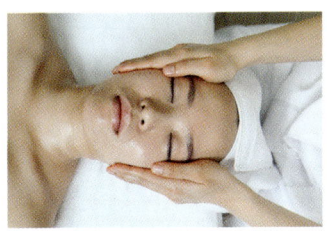
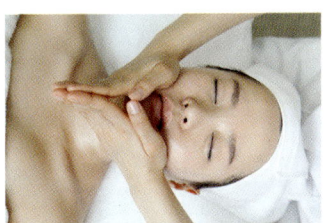

6. 티슈

티슈는 화장할 때 쓰이는 부드럽고 피부에 자극이 되지 않는 얇고 부드러운 종이를 뜻한다.

1) 티슈 사용목적

클렌징이나 매뉴얼 테크닉 후 크림 또는 오일이나 세정의 물기등을 제거하여 다음 단계를 용이하게 한다.

2) 주의사항

① 피부에 자극이 되지 않게 부드럽게 닦아낸다.

② 호흡에 장애가 되지 않도록 코, 입 등을 막지 않도록 한다.

③ 향이나 색에 예민한 사람이 있을 수 있으므로 티슈는 무향, 무색등을 사용한다.

TiP 티슈 접는 법

① 티슈를 삼각형으로 접어 손바닥 위에 올려 놓는다.

② 티슈를 손등쪽으로 접어주고 양쪽 티슈 꼭지점을 엄지 손가락으로 고정한다.

  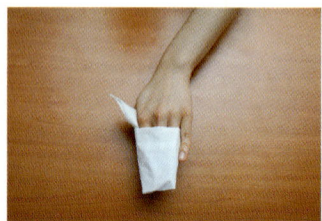

3) 티슈로 닦아내기 동작

(1) 코 윗부분 눌러주기

티슈를 대각선 방향으로 접어 △으로 만든 후 콧등 위에 티슈를 올려놓고 양쪽 손바닥 전체를 이용하여 티슈를 가볍게 눌러준다.

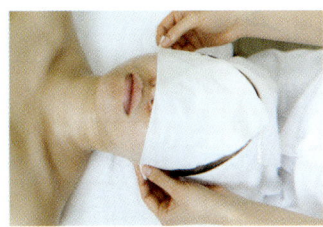 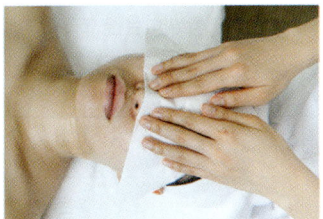

(2) 코 아랫부분 눌러주기

티슈 한쪽 끝을 잡고 돌려 티슈의 반대 쪽 면을 코 아랫부분(인중)에 올려놓고 양쪽 손바닥 전체를 이용하여 가볍게 눌러준다.

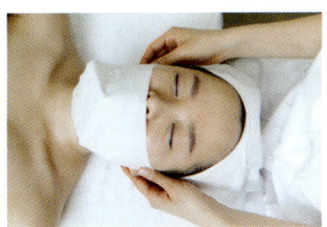 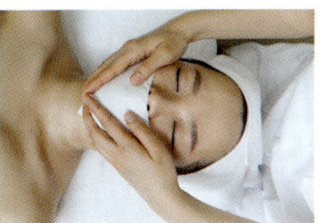

(3) 앞가슴(데콜테) 닦기

새 티슈를 이용하여 한 쪽 앞가슴(데콜테) 부위에 놓고 가볍게 눌러 준 후 티슈의 다른 쪽 면을 이용하여 나머지 앞가슴(데콜테) 부위도 가볍게 눌러준다.

(4) 잔여물 닦아내기

티슈를 접어 얼굴과 앞가슴(데콜테)에 남아있는 잔여물을 닦아주고 시술자 손에 남아있는 클렌징 제품도 닦아낸다.

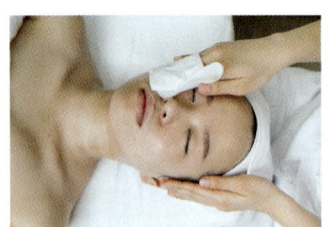 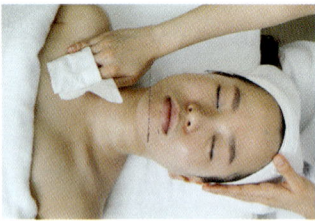 

7. 해면

스폰지의 형태로 흡착력이 뛰어나 클렌징이나 마사지 및 마스크 잔여물 제거 시 남아있는 잔여물을 제거하기 위해 사용한다.

1) 해면 주의사항

해면은 재사용이 가능하므로 사용 후 중성세제에 세척하여 통풍이 잘 되는 곳에 잘 말린 뒤 자외선 소독기에 넣어 소독하여 보관한다. 사용 시에는 미리 해면볼에 물을 넣어 흡수시킨 후에 사용한다.(해면이 완전 건조되면 딱딱하게 굳어짐.)

2) 해면동작

(1) 눈 주변 닦기

해면 2장을 물이 흐르지 않을 정도로 적당히 물기를 제거한 다음 양손에 해면을 쥐고 눈 위에 올려놓고 부드럽게 눈앞머리 → 눈꼬리 방향으로 천천히 닦아준다.

(2) 이마 닦기

양손을 사용하여 좌·우 동시에 이마 중앙에서 관자놀이 방향으로 3등분하여 쓸어주듯이 닦아준다.

Basic skin care

(3) 콧등 닦기

양손을 교대로 미간에서 콧망울 · 코벽 방향으로 쓸어 내려준다.

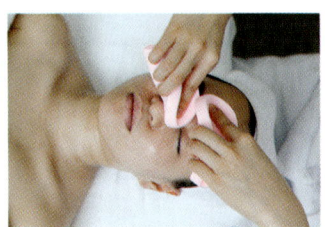

(4) 볼 닦기

양손을 이용하여 좌 · 우 동시에 코 옆(영향혈)에서 광대뼈를 따라 귀의 방향(청궁혈)
으로 닦아준다.

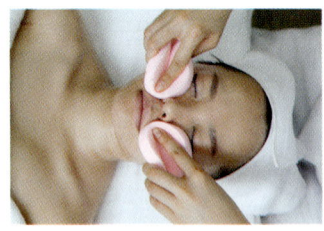 

(5) 입술 닦기

양손을 이용하여 좌 · 우 동시에 입꼬리 옆(지창혈)에서 귀볼(청회혈) 방향으로 닦아
준다.

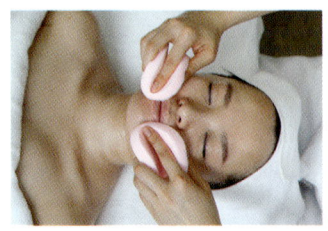

(6) 턱선 닦기

양손을 이용하여 좌·우 동시에 턱 중앙(승장혈)에서 귀볼(청회혈) 방향으로 닦아 준 다음 해면으로 귀를 전체를 닦아준다.

(7) 목 닦기

양손을 목 중앙에 올려놓은 다음 귀 방향(사선)으로 전체 닦아준 다음 귀 전체를 닦아 준다.

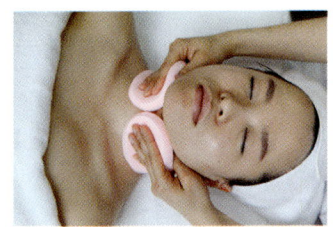

(8) 앞가슴(데콜테) 닦기 & 마무리

해면을 뒤집어 좌·우 동시에 앞가슴(데콜테) 중앙에서 겨드랑이 쪽으로 닦아주고 어깨를 감싸면서 승모근을 지나 귀를 닦아주면서 마무리한다.

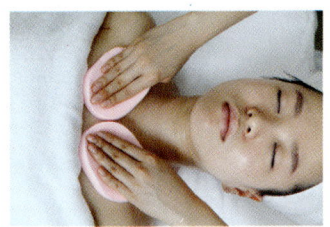 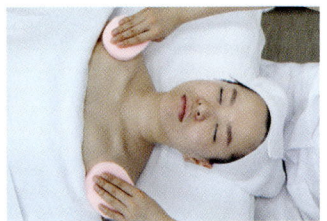 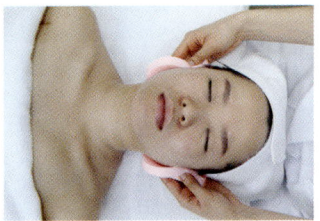

8. 습포

피부관리 트리트먼트 과정 중 잔여물을 닦거나 각 단계마다 필요할 때 사용할 수 있으며 온습포와 냉습포가 있다.

1) 온습포

따뜻한 습포를 뜻하며, 모공을 확장하여 피부 표면의 노폐물과 노화된 각질제거를 용이 하게 하며 혈액순환을 원활하게 해 준다.

① 효과

- 혈액순환 촉진
- 모공 확장(먼지, 피지, 기타 불순물 제거)
- 죽은 각질 제거
- 피지선의 자극
- 한선에 있는 독소와 기타 불순물 제거
- 수분 공급

② 주의사항

- 지나치게 뜨겁지 않은 타올 사용(꺼낼 때는 반드시 집게 사용)
- 예민한 피부, 모세혈관 확장 피부, 염증 유발 가능성 피부등은 습포를 피한다.
- 탈모 후나 필링 후 또는 제모 직후, 자외선에 의해 자극 받은 피부에는 사용하지는다.

2) 냉습포

차가운 습포를 뜻하며 모공을 일시적으로 수축하고 진정시켜준다.

 ① 효과

• 피부를 수렴 긴장시킨다.

• 혈관 수축작용으로 염증 완화 및 탄력 유지

• 소양증이 있는 피부의 진정 효과

② 주의사항

• 민감성피부나 모세혈관이 확장된 피부에는 지나친 냉습포를 피한다.

• 냉습포는 소독된 것을 사용하고 팩 후 또는 피부관리 마지막 단계에서 사용한다.

TIP 습포 사용 시 주의점

• 습포는 접어서 흐르는 물에 적힌 후 꼭 짜서 온장고에 넣어 둔다.

• 온장고에서 온습포를 꺼낼 때는 집게를 이용하여 손이 데지 않도록 하며, 피부관리사는 고객의 얼굴에 온습포를 얹기 전에 손목 안쪽에 온습포를 대어 온도를 확인한 후 사용한다.(반드시 의자에 착석 후 베드 옆에서 실시 할 것!)

• 습포 사용 시 타올의 깨끗한 면을 골고루 사용하도록 하고 밀착감 있게 실시하되 너무 세게 사용하여 피부에 자극이 되지 않도록 한다.

• 귀의 뒤, 액와등도 세심하고 깨끗하게 닦아 잔여물이 남지 않게 한다.

• 습포를 건넬때는 손님이 누워 있는 베드 위로 건내지 않고 손님 머리 위 또는 다리 아래쪽으로 건낸다.

Basic skin care

3) 습포동작

(1) 습포 얹기

코밑에 습포를 놓고 코를 제외한 얼굴 전면을 삼각형으로 완전히 덮는다.

 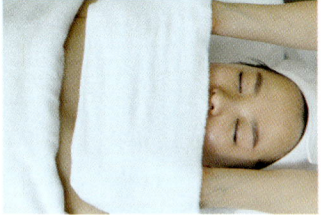 

(2) 압주기

양손으로 눈 전체를 지긋이 눌러주고 왼손은 이마, 오른손은 아래턱을 감싸 수직압을 준 뒤 뺨을 감싸 지그시 압을 준다.

 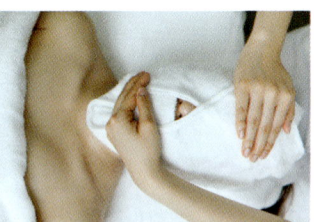 

(3) 얼굴 닦기

얼굴에 덮은 타월을 목 위로 내린 뒤 양손을 타월 사이에 넣는다. 해면과 같은 방식으로 타월의 위치를 조금씩 바꿔가면서 눈 → 이마 → 코 → 볼 → 입술 → 턱의 순서로 닦아준다.

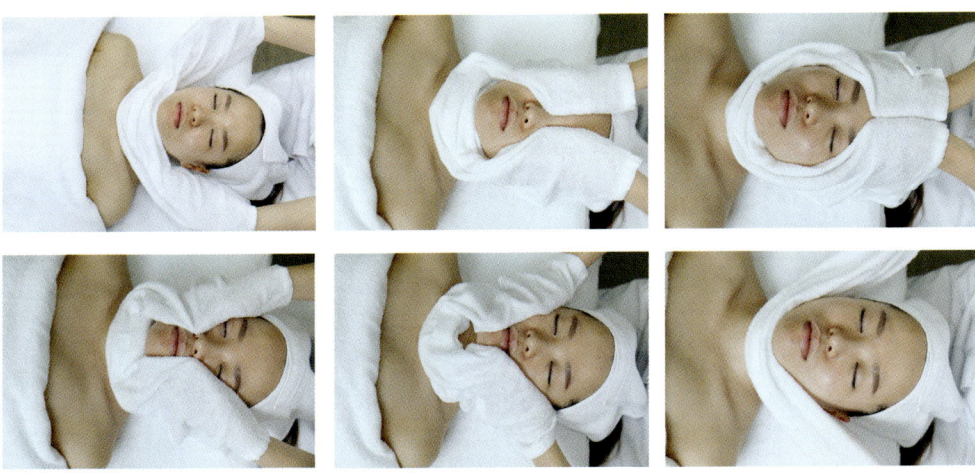

(4) 전체 닦기 및 마무리

반으로 접힌 타월을 오른손에 주름이 잡히지 않게 감싼 후 얼굴 반쪽을 기준으로 위, 아래 방향으로 쓸어주면서 다른 얼굴 반쪽까지 닦아주고 쓰고 난 타올은 정리한다.

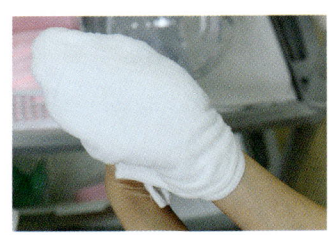 

Basic skin care

9. 화장수

1) 화장수의 기능

① 클렌징, 매뉴얼테크닉, 마스크 후에 잔여물 제거를 도와준다.

② 피부를 청결하게 하고, 다음 단계를 트리트먼트 준비를 도와준다.

③ 각질층에 수분을 공급한다.

④ 피부 pH 유지를 도와준다.

⑤ 알코올의 함량과 성분의 차이로 유연 화장수(알카리성 화장수)와 수렴 화장수

⑥ 산성 화장수, 아르트리젠트로 분류된다.

2) 화장수의 분류

① 유연화장수: 알코올 함량이 4% 이하로 유·수분을 보충하여 피부 각질층을 촉촉하고 부드럽게 하며 건성과 노화피부에 적합하다.

② 수렴화장수: 알코올 함량이 4% 이상으로 모공을 일시적으로 수축시켜 피부결을 정돈하며 신선감과 청량감을 준다. 지성, 정상, 복합성 피부에 사용되며 모공확장, 피지, 땀에 오염되기 쉬운 여름철에는 모든 피부에 사용된다.

③ 소염화장수: 일시적 모공수축, 청량감등을 주며 살균 소독을 통하여 피부를 청결하게 한다. 지성, 여드름, 복합성 피부 T-Zone 부위의 염증이 생긴 피부에 사용된다.

3) 화장수 바르기

(1) 화장수 준비하기

젖은 화장솜 2장에 토너를 적당히 적힌 후 양손 가운데 손가락 중지에 고정한다.

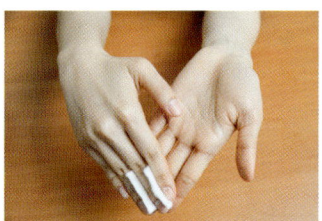

(2) 눈 닦기

고정된 화장솜을 양쪽 눈두덩이 위에 올려놓은 다음, 눈 앞머리 → 눈 꼬리방향으로 천천히 쓸어내리듯이 닦아준다.

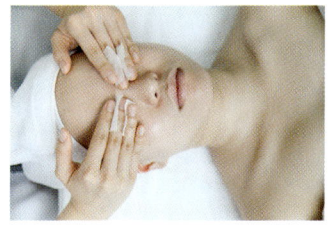

(3) 이마 닦기

양손을 이마 중앙 → 관자놀이쪽으로 쓸어 닦아준다.

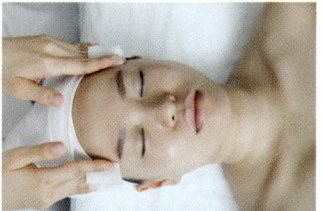

(4) 콧등 닦기

양손을 교대로 미간에서 콧망울 · 코벽 방향으로 쓸어 내려준다.

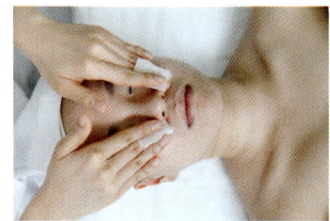

(5) 볼, 입술 닦기

양손을 이용하여 좌 · 우 동시에 코 옆(영향혈)에서 귀의 방향(청궁혈)으로 볼 전체를
닦아주고 입술옆(지창혈)에서 귀 밑까지 닦아준다.

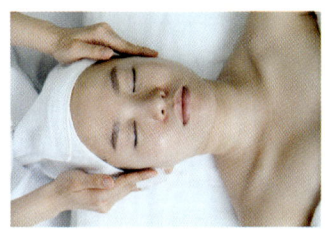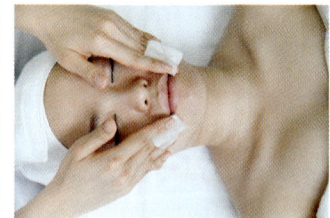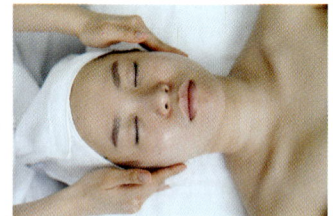

(6) 턱선 닦기

양손을 이용하여 좌 · 우 동시에 턱 중앙(승장혈)에서 귀볼(청회혈) 방향으로 닦아준다.

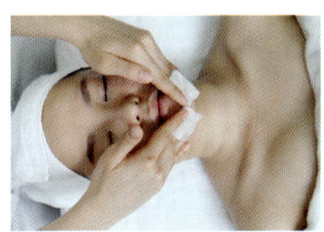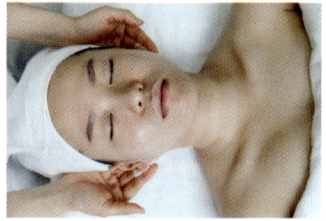

(7) 목 닦기

양손을 번갈아 가면서 밑에서 → 위 방향으로 쓸면서 닦아준다.

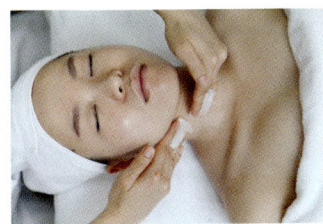 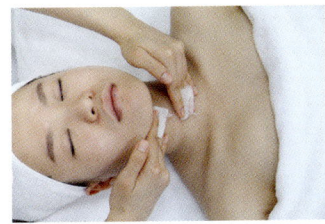 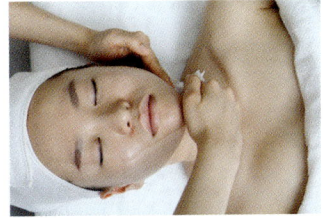

(8) 앞가슴(데콜테) 닦기 및 마무리

앞가슴(데콜테)을 3등분하여 닦아주고 토너가 흡수 될 수 있도록 가볍게 두드려서 화장수를 흡수시켜 준다.

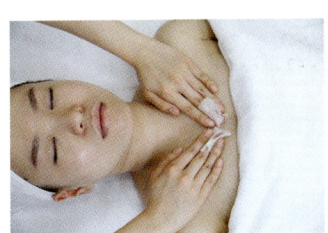 

Chapter 07

눈썹정리 *Basic skin care*

1. 눈썹정리의 목적

눈썹은 사람의 첫 인상을 좌우하는 중요한 역할을 하기 때문에 고객의 얼굴형에 맞게 수정하여 전체적인 밸런스를 맞춰준다.

2. 눈썹의 형태와 이미지

① 기본형 눈썹: 기분적인 눈썹 모양으로 귀엽고 발랄한 이미지의 눈썹이며, 누구에게나 잘 어울린다.

② 아치형 눈썹: 여성적이며 노숙한 느낌을 준다. 이마가 넓은 얼굴형이 어울리고 안정된 느낌을 주며 눈이 커 보이기도 한다.

③ 직선형 눈썹: 젊고 활동적인 느낌을 주며 긴 얼굴이나 폭이 좁은 얼굴에 잘 어울린다.

④ 각진형 눈썹: 지적인 느낌을 주며 단정하고 세련
되어 보인다. 둥근 얼굴에 잘 어울린다.

⑤ 상승형 눈썹: 동적이며 야성적인 느낌을 준다. 둥
근얼굴, 개성 없는 얼굴에 적합하다.

⑥ 처진 눈썹: 귀여운 느낌을 주지만 때로는 슬픈 인
상을 주기도 한다.

3. 눈썹정리준비

눈썹빗, 눈썹가위, 족집게, 눈썹칼, 면봉, 스파츌라, 화장솜, 알코올, 진정젤

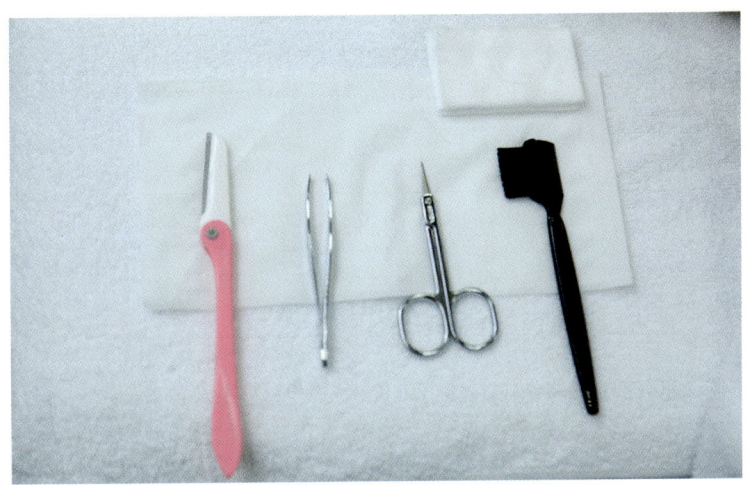

4. 눈썹정리 동작

1) 손 소독

마른 화장솜에 알코올을 충분히 적신 다음 손바닥, 손등, 손가락 사이사이와 팔목까지 꼼꼼히 소독해 준다.

 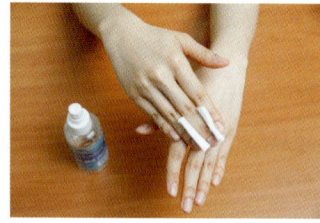 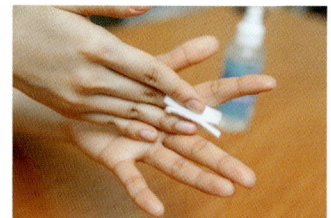

2) 눈썹정리 도구 소독하기

눈썹빗, 눈썹가위, 족집게, 눈썹칼등을 소독한다.

 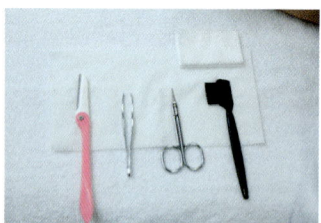

3) 눈썹 소독하기

마른 화장솜에 알콜을 충분히 적신 다음 정리할 눈썹 부위를 소독해준다.

 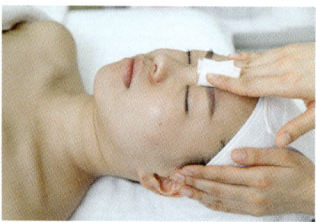

4) 눈썹빗으로 눈썹정리하기

눈썹방향에 맞춰 눈썹빗으로 가지런히 정리해준다.

5) 눈썹 컷팅하기

눈썹가위를 이용하여 정리할 눈썹을 컷팅한다.

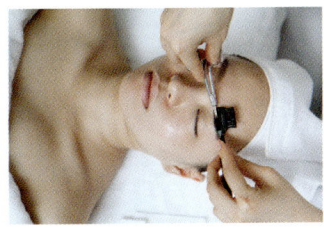

6) 눈썹 뽑기

눈썹 앞머리와 눈썹 꼬리 방향쪽으로 근육을 스트레칭 한 후 족집게를 이용하여 털난 방향으로 잔털을 정리한다.(눈썹모양을 변형시키지 않는다.)

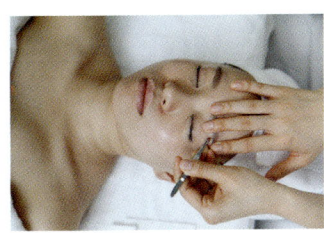 

7) 눈썹칼로 정리하기

눈썹칼로 넓은 면의 잔털과 모양을 정리 한다.

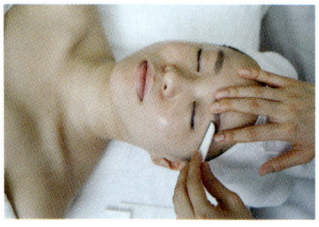 

8) 진정젤 바르기

스파츌라에 진정젤을 덜어 면봉으로 정리된 눈썹 주변에 도포한다.

 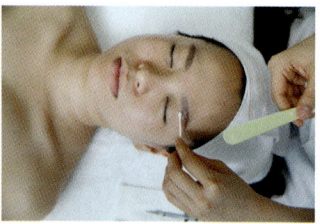

Chapter 08 각질제거

1. 각질제거의 목적

피부 표면의 묵은 각질과 모공내의 이물질, 피부에 있는 화장품의 잔여물등을 제거하는 단계로써 정상적인 각질층을 유지하게 되면 건강하고 매끈한 피부를 만들고 노화를 지연시킬뿐만 아니라 완벽한 세정효과 및 화장품의 흡수, 영양 침투를 높여준다.

2. 딥클렌징의 종류

1) 스크럽(Scrub)

'문지르다, 비비다, 제거하다'등의 의미가 있으며, 미세한 알갱이(흑설탕, 소금, 녹두가루, 밀기울, 아몬드씨, 살구씨, 조개껍대기등)의 천연 재료가 사용된다.

주로 지성피부, 복합성피부에 주 1-2회 정도 사용하며, 민감한 피부와 화농성 여드름, 모세혈관 확장증이 있는 피부에는 피하는 것이 좋다.

(1) 스크럽 동작 순서

1차 손 소독

마른 화장솜에 알코올을 충분히 적신 다음 손바닥, 손등, 손가락 사이사이등을 꼼꼼히 소독해 준다.

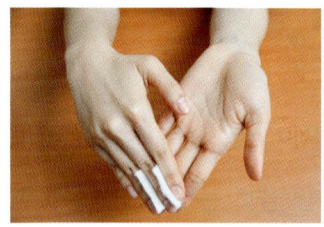 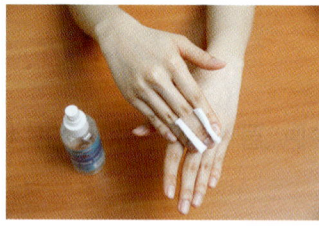 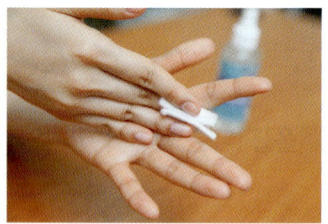

준비하기

유리볼 2개를 소독하고 1개의 유리볼에는 스크럽 제품을 적당량 덜고 나머지 1개의 유리볼에는 정제수를 2/3정도 준비한 다음 터번을 풀러 터번 주변에 티슈를 받쳐주고 고객 귀 전체를 덮으면서 터번을 다시 해주고 고객 어깨부분에 티슈를 받쳐준다.

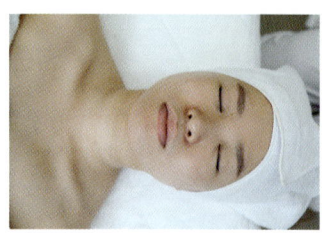

2차 손 소독

준비하기의 과정을 통해 고객의 머리카락을 만졌으므로 다시한번 손 소독을 실시한다.

스크럽 도포하기

유리볼에 담겨 있는 스크럽을 팩브러쉬을 이용하여 얼굴 중앙에서 바깥쪽으로 부드
럽게 도포한다.(턱선까지 도포)

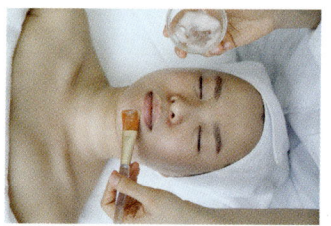 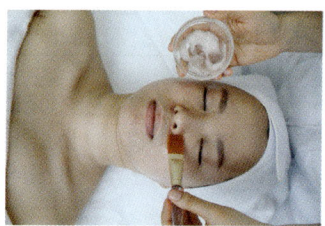 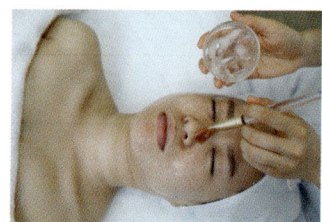

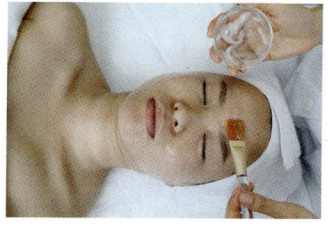 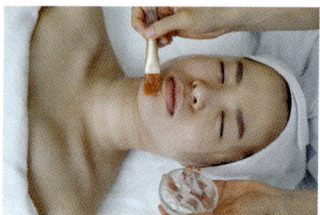 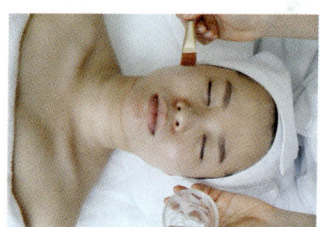

문지르기

미리 준비해둔 정제수를 손가락 끝에 묻힌 후 피부 근육결의 방향으로 부드럽게 원을
그려가며 문지르기 동작을 한다.

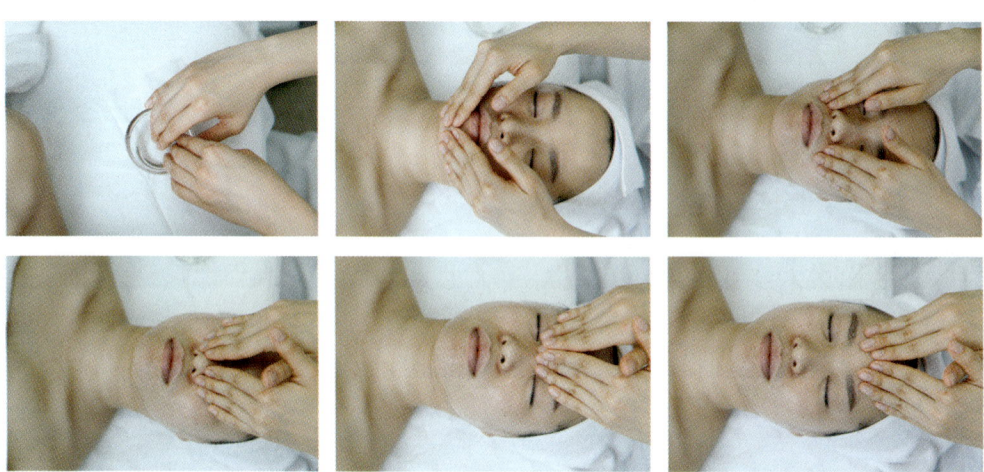

마무리

해면과 온습포로 스크럽 제품을 제거한 다음 토너로 피부 톤과 주변정리를 한다.

2) 고마쥐(Gommage)

프랑스어로 '문지르다'의 뜻으로 동·식물성 각질분해 효소를 함유한 제품이다. 일반적으로 크림형태로 얼굴에 도포 후 적당히 건조 됐을 때 근육결 방향으로 노화된 각질을 제거하는 제품이다. 예민성 피부, 화농성 여드름피부, 모세혈관 확장증피부에는 사용하지 않는 것이 좋다.

(1) 고마쥐 동작 순서

1차 손 소독

마른 화장솜에 알코올을 충분히 적신 다음 손바닥, 손등, 손가락 사이사이등을 꼼꼼히 소독해 준다.

  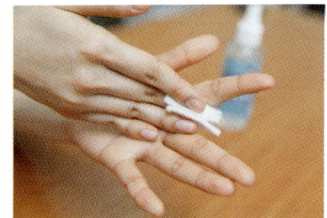

준비하기

유리볼 1개를 소독하여 고마쥐를 적당량 덜어준다.

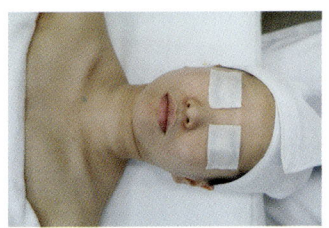  

Basic skin care

고마쥐 도포하기

유리볼에 담겨 있는 고마쥐를 팩브러쉬를 이용하여 얼굴 중앙에서 바깥쪽으로 부드럽게 도포한다.(턱선까지 도포)

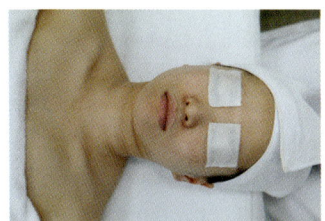  

방치하기

도포후 양쪽 눈에 아이패드를 하고 피부상태에 따라 방치시간을 부여한다.(5~10분)

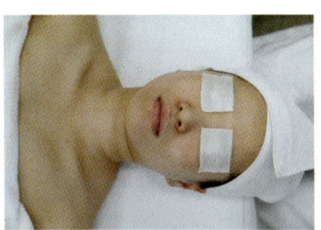

TIP 완전 건조되는 동안 터번주변에 티슈로 정리하여 고객 귀 전체를 덮어 정리해 주고 어깨부분에 티슈를 받쳐 놓는다.

제거하기

한손으로 피부결이 손상되지 않도록 고정시킨 후 다른 한손으로는 근육결 방향으로 제거한다. 얼굴 중앙에서 바깥쪽으로, 위에서 아랫방향 기준으로 제거한다.

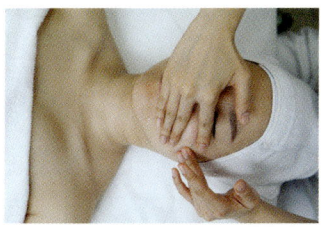 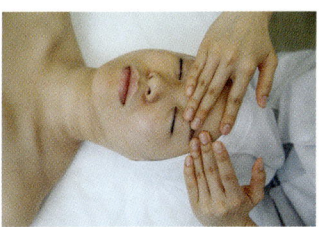

Tip 피부국가고시 실기 시험 시 오른쪽 이마, 오른쪽 볼만 고마쥐를 제거해주고 나머지는 손에 정제수를 묻혀 가볍게 레빙한다.

마무리

해면과 온습포로 고마쥐 제품을 제거한 다음 토너로 피부톤과 주변정리를 한다.

3) AHA(Alpha Hydroxy Alpha)

Alpha Hydroxy Alpha를 줄인 말로 여러 가지 과일 또는 채소에서 자연적으로 발생되는 산을 총칭하여 말한다. AHA의 함량에 따라 10%미만은 피부관리 및 화장품에서 많이 사용한다.

• 세포 재생 속도를 증가시킨다.

• 피부의 자연 보습 유지 능력을 증가시킨다.

• 주름과 잔주름을 완화시킨다.

• 세포 재생 속도를 증가시킨다.

• 박테리아 성장 억제효과가 뛰어나다.

Basic skin care

(1) AHA 동작 순서

손 소독

마른 화장솜에 알코올을 충분히 적신 다음 손바닥, 손등, 손가락 사이사이등을 꼼꼼히 소독해 준다.

 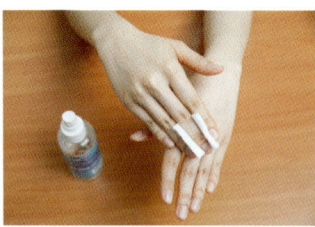 

준비하기

고객 양쪽 눈에 아이패드를 하고 유리볼 1개를 소독하여 AHA를 적당량 덜어 준다.

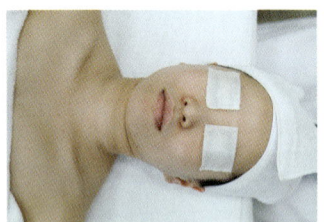  

AHA 도포하기

유리볼에 담겨 있는 AHA를 팩 브러쉬 또는 면봉을 이용하여 얼굴 중앙에서 바깥쪽으로 부드럽게 도포한다.(턱선까지 도포)

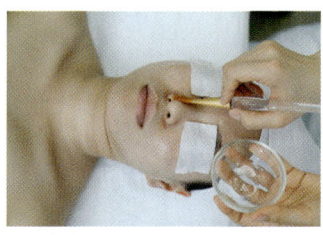 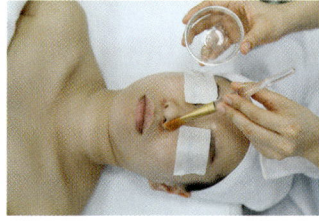 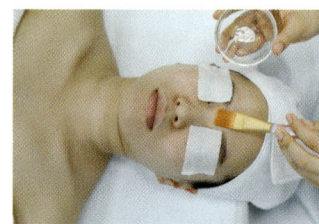

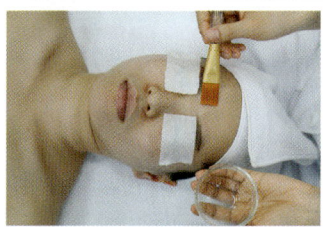 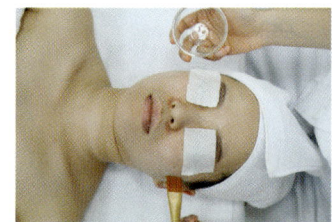 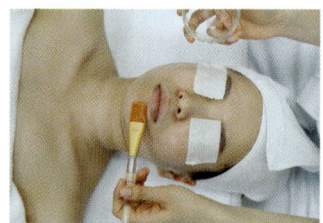

TiP AHA는 한번 도포한 부위는 반복해서 도포하지 하지 않도록 한다.

방치하기

피부상태에 따라 방치시간을 부여한다.(3-5분 방치)

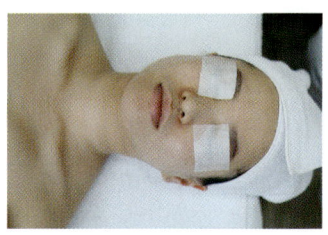

TiP 방치시간동안 웨곤 위 또는 주변 정리를 실시하고 다음 단계 과정을 준비 한다.

마무리하기

아이패드를 제거하고 해면과 냉습포로 AHA제품을 제거한 다음 화장수로 피부톤을 정리해준다.

4) 효소(Enzyme)

열대지방의 과일인 파파인, 파인애플에서 추출되는 단백질 분해효소인 브로멜라닌, 펩신등의 성분을 촉매제로 작용하여 죽은 각질을 분해한다. 사용 시 따뜻한 온도 (35−45℃), 수분(70%)이 꼭 필요하며 모든피부에 자극없이 노폐물과 각질을 제거한다.

(1) 효소 동작 순서

손 소독

마른 화장솜에 알코올을 충분히 적신 다음 손바닥, 손등, 손가락 사이사이등을 꼼꼼히 소독해 준다.

  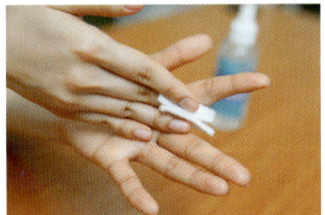

준비하기

고객 양쪽 눈에 아이패드를 하고, 유리볼 1개를 소독하여 효소를 1Ts 유리볼에 덜어 정제수를 조금씩 넣어가며 팩브러쉬를 이용해 효소를 고르게 잘 섞어준다.

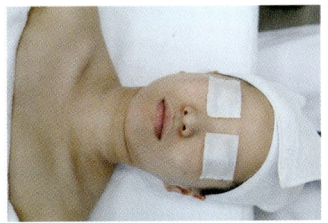

효소 도포하기

유리볼에 담겨 있는 효소를 팩브러쉬 이용하여 얼굴 중앙에서 바깥쪽으로 부드럽게 도포한다.(턱선까지 도포)

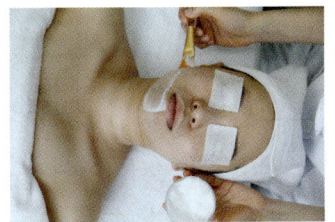
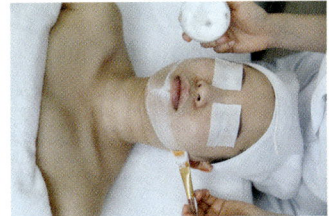
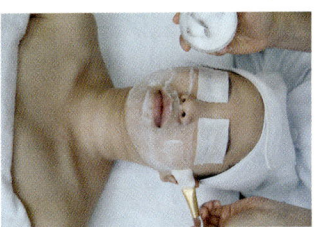
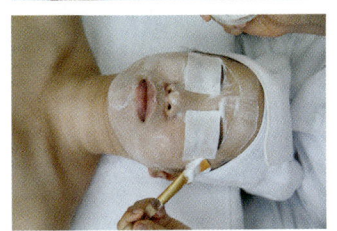
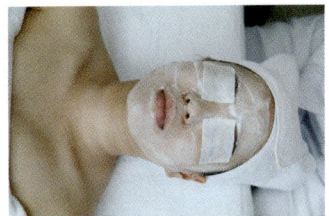
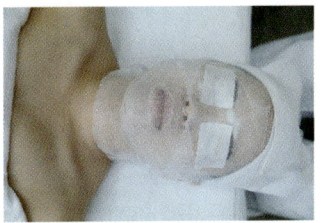

수분공급 및 방치하기

효소가 도포되어진 얼굴 위에 스더머(Uaporizer)나 온습포등을 반드시 사용해준다.

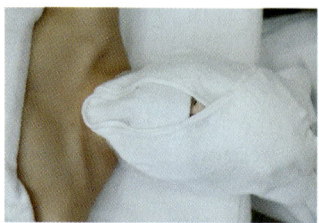

TiP 효소는 반드시 따뜻한 온도, 수분이 필요하다.

마무리하기

온습포, 아이패드를 제거하고 해면과 온습포로 효소제품을 제거한 다음 화장수로 피부톤을 정리해준다.

매뉴얼 테크닉

손을 이용하여 쓰다듬기, 문지르기, 반죽하기, 두드리기, 진동하기 등을 이용하영 관리하는 방법을 매뉴얼 테크닉(Manual Technique)이라 하고 물리적인 자극을 통하여 근육을 자극함으로써 혈액순환과 신체 조직의 긴장 완화와 근육의 이완 및 림프 배농 촉진한다.

안면 매뉴얼 테크닉 범위는 얼굴부터 데콜테(쇄골 밑 3cm)까지이며 고객의 성별, 나이, 피부상태, 건강상태등에 따라 달라질 수 있다.

Tip 마사지의 어원

Massage 어원은 '두드리다', '어루만지다'라는 뜻의 아랍어 'Massa', '손'이라는 라틴어 'Mamus', '주무르다'라는 뜻의 그리스어 'Masso'등에서 유래하여 오늘날 'Massage'라 명칭 되었다.

---

1. 매뉴얼 테크닉의 목적 및 효과

① 물리적 자극을 통해 혈액순환 및 신진대사를 촉진한다.

② 정신적 긴장완화와 심리적인 안정 및 근육이완 효과가 있다.

③ 신진대사 촉진으로 노폐물 배출 및 영양공급을 원활하게 한다.

④ 부교감 신경 자극, 스트레스 감소로 인한 면역기능을 향상시킨다.

⑤ 자율신경계에 영향을 미친다.

⑥ 피부결을 향상시켜 화장품의 유효물질 흡수력을 높여준다.

⑦ 피하조직에 있어서 지방세포가 감소한다.

2. 매뉴얼 테크닉 시 주의사항

① 피부에 지나친 힘을 주면 모세혈관이 파괴될 위험이 있다.

② 피부타입에 맞는 크림 또는 오일을 선택하여 매뉴얼 테크닉을 실시한다.

③ 고객이 최대한 안정을 취할 수 있도록 한다.

④ 밀착감과 강약의 리듬을 주어 적당한 힘의 세기와 일정한 속도로 시행한다.

⑤ 동작의 반복 횟수를 피부 유형에 맞게 고려한다.

3. 매뉴얼 테크닉 금기사항

① 급성, 만성적 염증

② 일광화상

③ 화장품으로 인해 피부에 트러블이 생겼을 때

④ 목욕이나 사우나를 다녀온 직후

⑤ 예민 피부

⑥ 당뇨병, 간질, 전염병

⑦ 생리전·후

⑧ 임신

4. 매뉴얼 테크닉 기본동작

1) 쓰다듬기(Effleurage or Stroking: 경찰법, 무찰법)

(1) 특징

근육이나 피부표면을 쓰다듬고 어루만지는 방법. 매뉴얼 테크닉의 시작이나 마무리 시 자주 사용되는 기술

(2) 적용효과

혈액과 림프순환 촉진, 근육이완 효과, 심리적 안정효과

2) 반죽하기(Petrissage or Kneading: 반죽하기)

(1) 특징

손가락 전체를 이용하여 피부를 집어 반죽하는 동작. 관절부위와 머리부분을 제외한 신체의 모든 부분에 적용

(2) 적용효과

혈액 및 림프순환 촉진, 피부 및 근육의 탄력성 증대 근육피로 해소

3) 마찰하기(Friction: 강찰법)

(1) 특징

피부를 마찰하는 동작으로 상·하 또는 나선을 그리며 문지르는 동작 관절부위를 제외한 모든 부위에 적용

(2) 적용효과

열을 발생시켜 혈액순환 촉진, 근육의 유착 방지, 근육이완 효과

4) 두드리기(Tapotment or Percussion: 고타법, 경타법)

(1) 특징

손가락과 손 전체를 이용하여 가볍고 리듬감 있게 두드리는 동작

(2) 적용효과

혈액공급촉진, 신경과 근육에 자극을 주어 기능항진, 경직된 근육 이완

5) 진동하기(Vibration: 진동법)

① 특징 손바닥 전체를 해당부위에 밀착시켜 빠르고 고르게 떨어주는 동작. 관절부위를 제외한 신체의 모든 부위에 적용
② 적용효과 신경과 근육에 적당한 자극을 주어 기능항진, 경직된 근육 이완효과

5. 안면 매뉴얼 테크닉 동작

1) 손 소독

마른 화장솜에 알코올을 충분히 적신 다음 손바닥, 손등, 손가락 사이사이등을 꼼꼼히 소독해 준다.

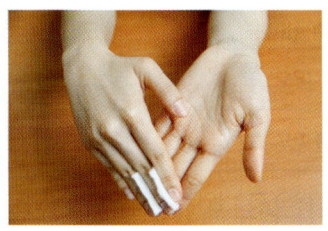 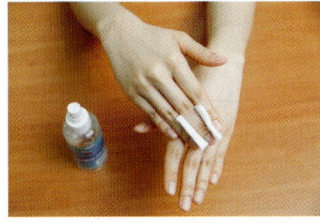 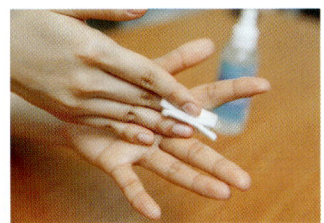

2) 준비하기

유리볼 1개, 스파츌라 1개를 소독한 다음 스파츌라를 이용하여 마사지크림을 유리볼에 적당량 덜어 준비한다.

3) 크림 도포 하기

유리볼에 있는 마사지크림을 마사지 핑거(손가락 중지, 약지)를 이용하여 앞가슴(데 콜테) 3지점 →턱 → 양쪽 볼 → 코 → 이마를 원을 그리면서 천천히 도포한 다음, 양 쪽 손바닥 전체를 이용하여 안 → 밖깥쪽으로 천천히 도포한다.

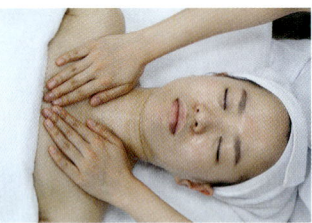
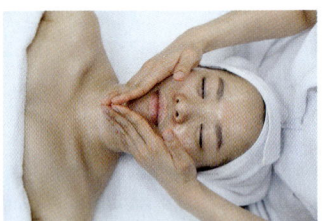

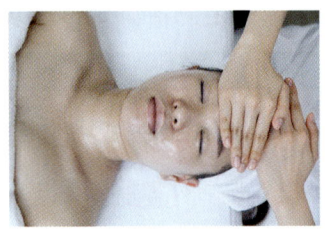

4) 앞가슴(데콜테) 쓰다듬기

양손을 어깨에 올려놓은 다음 양손 좌·우 교대 수평방향으로 천천히 쓸어준다.

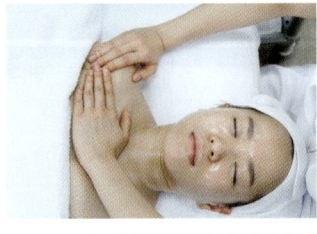
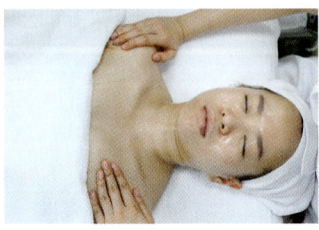
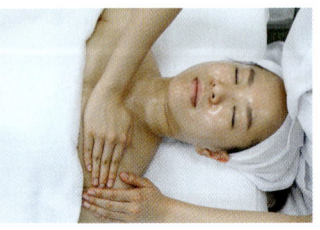

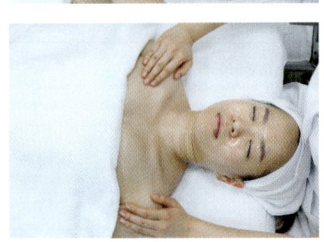

5) 앞가슴(데콜테) 마찰하기

손가락 검지, 중지, 약지, 소지손가락을 이용하여 앞가슴(데콜테) 중앙에서 겨드랑이
(액와)부위까지 수영방향으로 원을 그리면서 마찰한다.

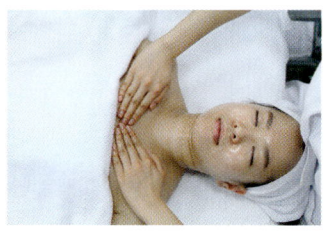 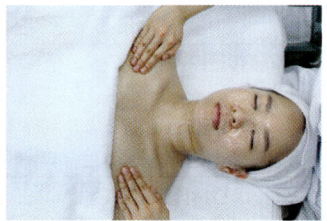

6) 앞가슴(데콜테) 지그재그 동작하기

손가락 2, 3, 4지로 압을 주면서 좌 · 우 교대로 지그재그 동작을 하면서 쓸어준다.

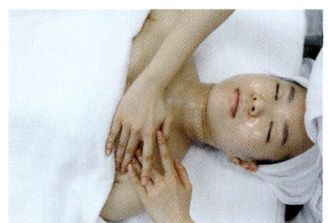 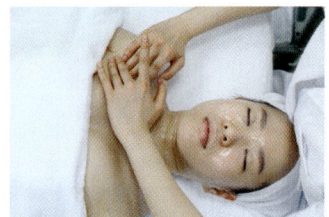

7) 앞가슴(데콜테) 원 그리기

앞가슴(데콜테) 중앙에 양손을 가지런히 올려놓은 후 양 엄지로 X자하여 고정한 한
뒤 좌 · 우 교대로 원을 그려준다.

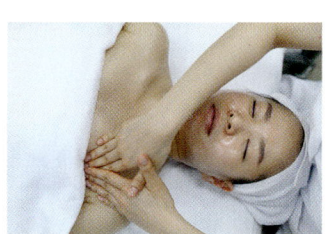 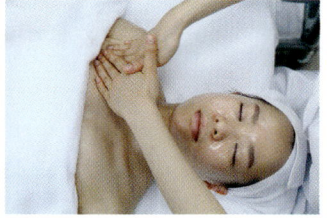

8) 앞가슴(데콜테) 진동하기

양손을 어깨에 올려놓은 다음 양손 좌·우 교대 수평방향으로 천천히 바이브레이션을 한다.

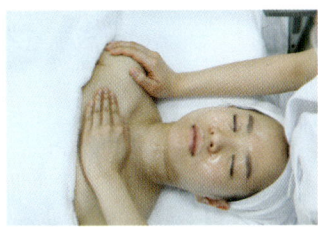 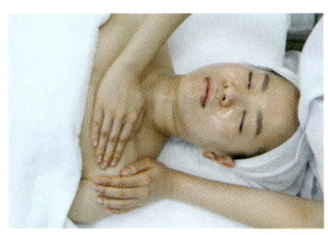

9) 앞가슴(데콜테) 쓰다듬기

양손을 어깨에 올려놓은 다음 양손 좌·우 교대 수평방향으로 천천히 쓸어준다.

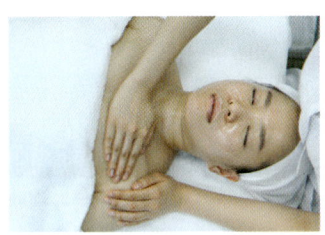 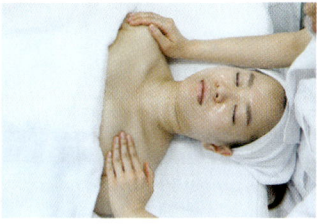 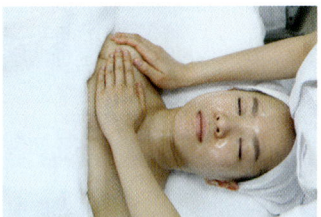

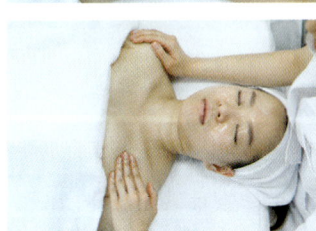

10) 목 쓸어 올리기

목을 좌 · 우 교대로 양손을 번갈아 가며 아래 → 위쪽으로 부드럽게 쓸어 올려준다.

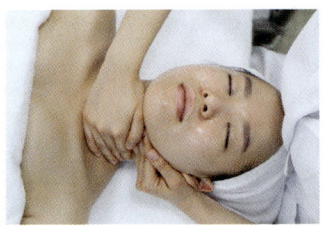 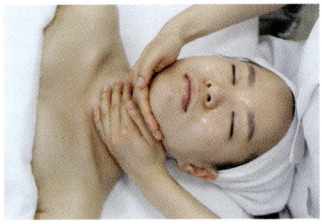 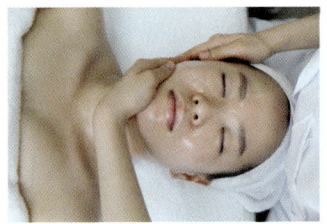

11) 턱선 쓰다듬기

양손을 귀 밑에 고정하고 좌 · 우 교대로 턱 밑을 쓸어준다.

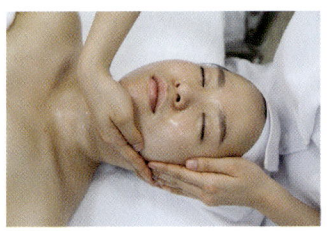 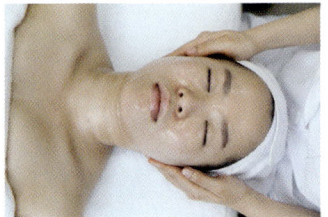 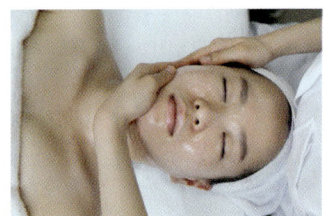

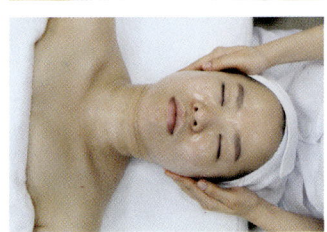

12) 턱선 마찰하기

양손 손가락 검지, 중지, 약지, 소지를 턱 밑에 고정하고 교대로 턱선을 수영방향으로 원을 그려 준다.

Basic skin care

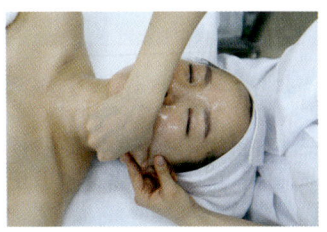 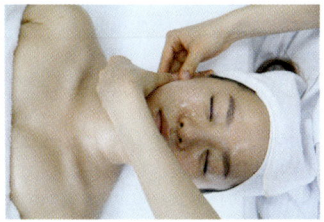

13) 턱(이근) 마찰하기

턱 중앙 부위를 양손 엄지손가락을 사용하여 반원을 그리듯 마찰한다.

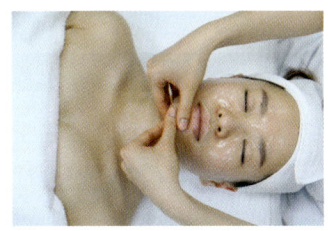

14) 입술 주변(구륜근) 마찰하기

양손 엄지 손가락으로 입술 주변(구륜근)을 반원 그리듯 마찰한다.

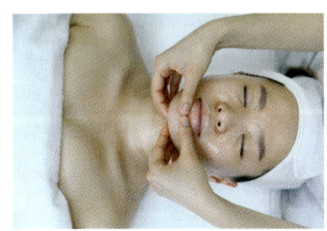 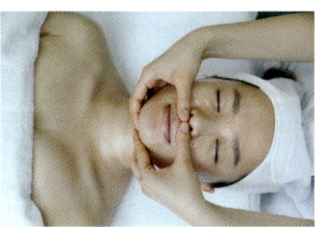

15) 입꼬리 쓸어 올리기

양손 엄지 손가락을 깍지 끼고 중지, 약지를 이용하여 입술 양옆을 위, 아래로 쓸어준다.

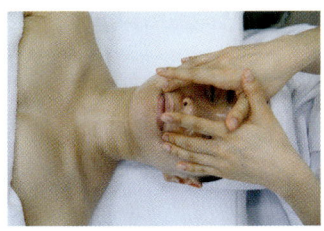 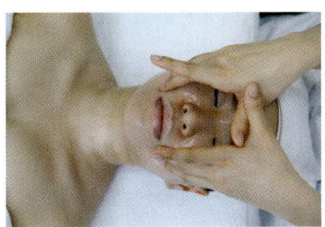

16) 볼 3등분 마찰하기

좌·우 볼을 3등분(턱 → 귀 밑, 입술 옆 → 귀 중앙, 코 옆 → 관자놀이)하고, 양손을 동시에 얼굴 중앙에서 바깥쪽으로 수영 반대방향으로 원을 그리며 마찰한다.

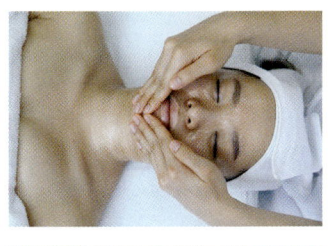 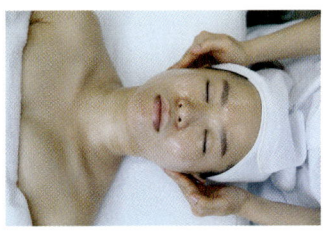 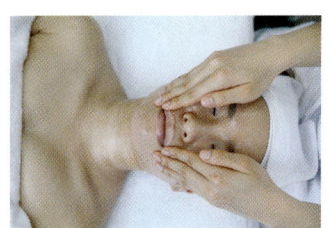

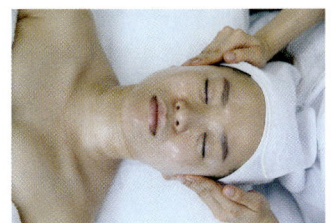 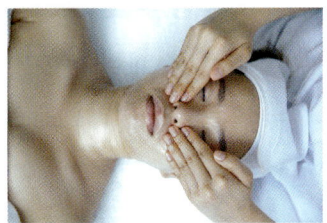 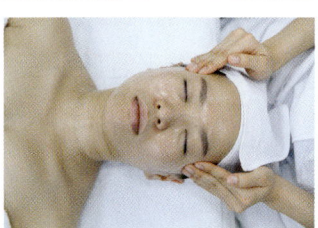

17) 콧망울, 콧대 쓰다듬기

양손 엄지 손가락을 깍지 끼고 중지를 이용하여 콧망울을 수영방향으로 가볍게 원을 그려주고 콧대는 위·아래로 쓸어준다.

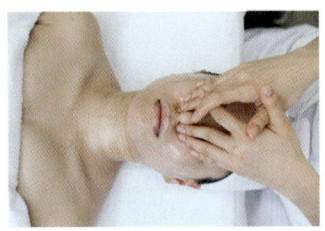 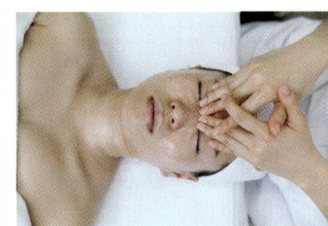

18) 눈 주위(안륜근) 원 그리기

양손 엄지 손가락을 깍지 끼고 중지를 이용하여 수영 반대방향으로 눈썹과 눈밑을 쓸어주면서 눈 주위(안륜근)를 원을 그리면서 쓸어준다.

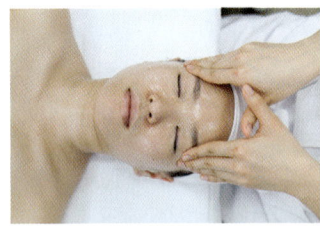 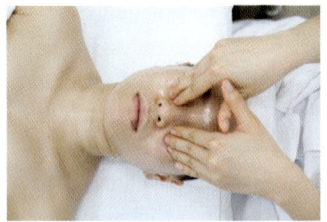

19) 눈썹 집어주기

양손 중지를 이용해 수영 반대방향으로 눈밑 돌아서 눈썹 앞머리 → 눈썹 산 → 눈썹 꼬리순으로 눈썹을 집어준다.

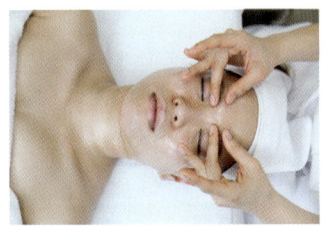 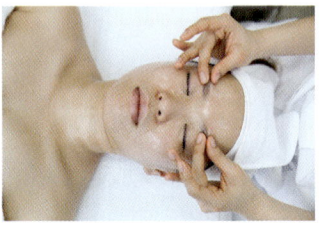 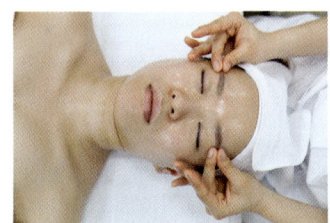

20) 이마 쓸어 올리기

양손을 교대로 손바닥 전체를 이용해 이마를 쓸어 올려준다.

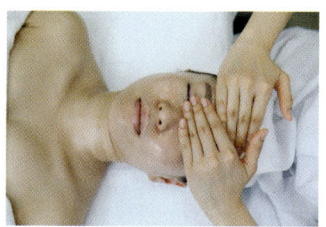

21) 이마 작은원 · 큰원 쓸어주기

양손 엄지손가락 깍지 끼고 네 손가락 마디를 이용하여 이마 전체에 작은원 · 큰원 모양으로 ∞자를 그려준다.

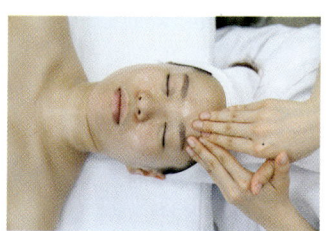 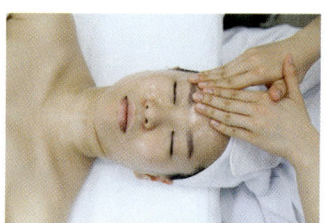

22) 이마 지그재그 동작

이마 좌·우를 중지와 약지를 이용하여 지그재그 동작을 실시한 후 관자놀이를 쓸어
준다.

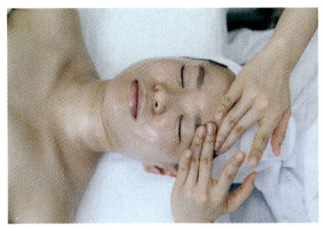
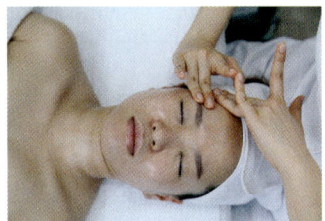
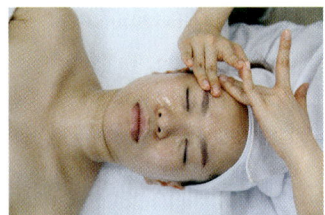

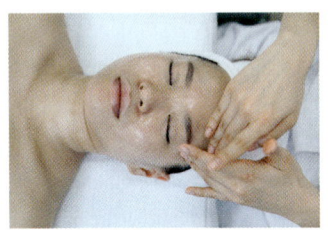

23) 이마 쓸어주기

양손을 교대로 손바닥 전체를 이용해 이마를 쓸어 올린 다음 양손을 이용하여 이마를
좌·우로 번갈아 쓸어준다.

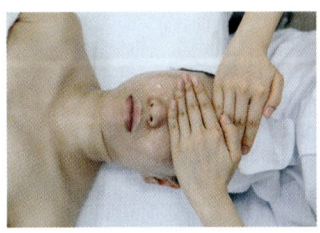
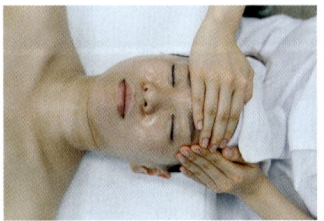
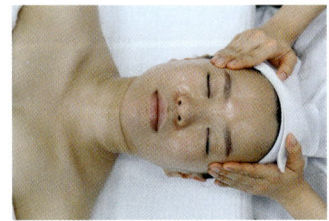

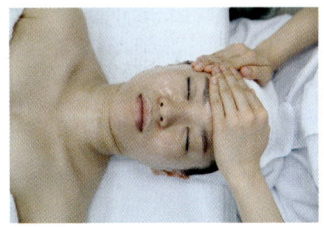

24) 볼 전체 두드리기

양손의 손가락 전체를 이용하여 양쪽 볼 전체를 고르게 두드려 준다.

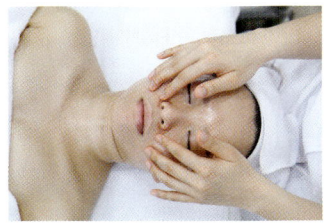

25) 볼 집어주기

양손 엄지, 중지, 약지를 이용하여 한쪽 볼을 번갈아 가면서 볼을 튕기면서 집어 준 다음 턱선을 따라 반대쪽 볼 방향으로 이동하여 같은 방법으로 실시한다.

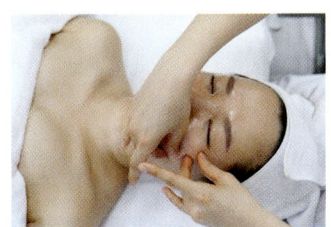 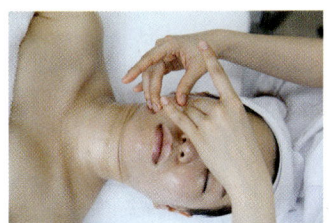

26) 볼 튕겨주기

양손 검지, 중지, 약지, 새끼손가락을 이용하여 볼을 탄력있게 부채살 모양으로 볼을
튕겨 쓸어 올려준다.

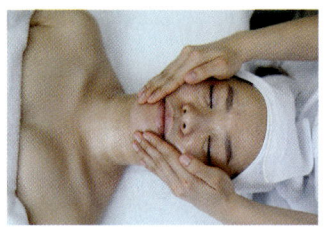

27) 전체 쓰다듬기

양손 중지를 이용하여 이마 중앙에서 이마 → 콧대 → 코 옆 → 턱선을 감싸면서 얼굴
을 전체적으로 쓰다듬어준다.

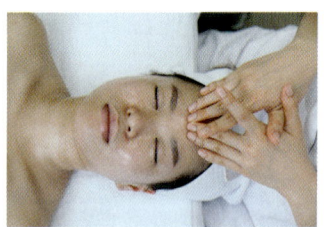 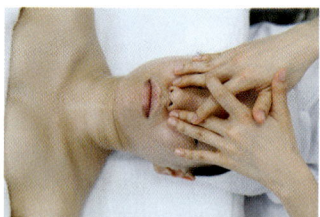 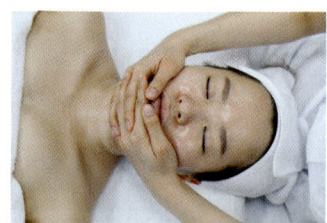

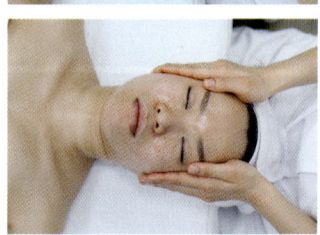

28) 얼굴 감싸기

양손을 마름모 모양으로 하여 얼굴 전체를 부드럽게 감싸 후 귀 전체를 덮으면서 마무리한다.

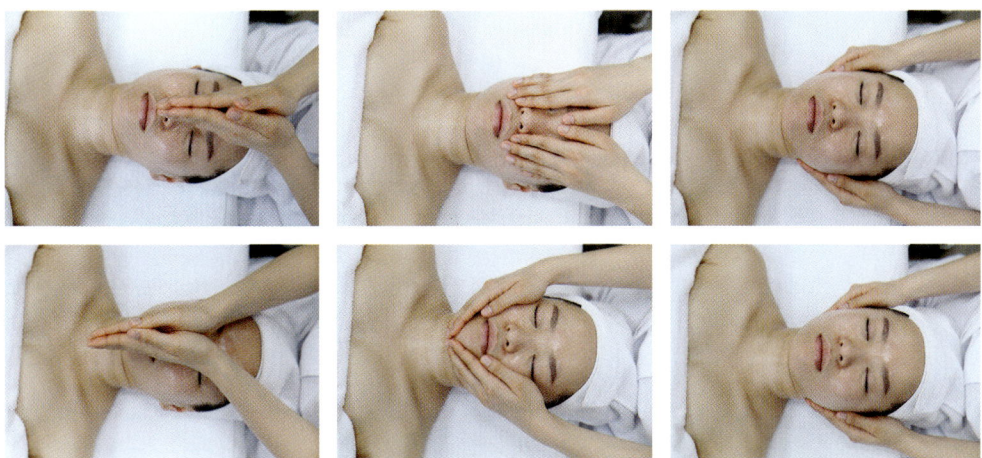

29) 마무리

티슈와 온습포로 닦아준 후 화장수로 피부톤을 정리한다.

Chapter 10

팩

팩이란 'Package(싸다, 둘러막다)'란 용어에서 유래된 단어로 팩(Pack)이나 마스크 (Mask)는 일반적으로 같은 의미로 사용되지만 팩(Pack)은 도포 후 공기의 유입을 막지 않아 굳어지지 않으며, 마스크(Mask)는 도포 후 굳어져 외부와의 공기를 차단하는 차이점이 있다.

1. 목적 및 효과

• 피부에 필요한 유효성분의 흡수 및 촉진작용
• 피부에 필요한 유효성분 제공
• 피부의 혈행촉진작용
• 피부 보습작용
• 피부 청정작용
• 미백 및 진정작용

2. 종류 및 특징

1) 유형에 따른 분류

① 천연 팩
② 한방 팩
③ 화장품 팩

2) 제거하는 방법에 따른 분류

① 굳어서 떼어내는 타입(Peel Off Type)

② 물로 씻어내는 타입(Wash Off Type)

③ 티슈로 닦아내는 타입(Tissue Off Type)

3) 제형에 따른 분류

① 크림 타입: 모든 피부(영양, 보습, 유연, 진정, 정화작용)

② 클레이 타입: 지성, 여드름 피부(청정, 정화작용)

③ 젤 타입 (Gel Off Type): 지성. 정상(보습, 탄력, 혈액순환 촉진)

④ 파우더 타입(Puwder Off Type): 노화, 건성, 정상(보습, 탄력, 혈액순환 촉진)

⑤ 왁스 타입(Paraffin Off Type): 노화, 건성, 정상피부(보습, 침투, 혈액순환)

4) 사용 시 주의사항

① 염증 및 알레르기 피부는 시술을 피한다.

② 지나치게 예민한 피부는 재료 선택에 주의하고, 반드시 패치테스트를 실시한다.

③ 일반적으로 표피층의 두께가 얇은 눈 주위와 입술 주위는 제외하고 도포한다.

④ 피부 유형과 목적에 따라 적합한 팩을 선택한다.

⑤ 제거 시 미지근한 물로 깨끗하게 제거하며, 해면을 사용할 경우 너무 세게

⑥ 닦아내어 피부에 자극이 되지 않도록 한다.

⑦ 방치시간은 일반적으로 10-20분 정도이나, 제품의 사용법을 따른다.

⑧ 천연팩은 사용하기 직전에 만든다.

⑨ 트러블 방지를 위해 한방팩은 3가지 이상 섞지 않는다.

3. 팩 도포 동작

1) 손 소독

마른 화장솜에 알코올을 충분히 적신 다음 손바닥, 손등, 손가락 사이사이 등을 꼼꼼히 소독해 준다.

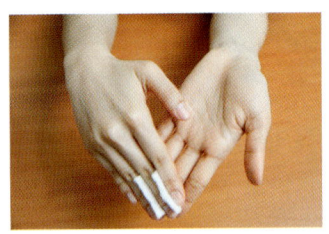 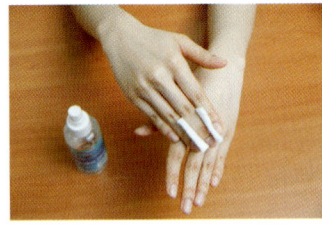 

2) 준비하기

모델 얼굴의 T-Zone, U-Zone, 목 부위의 피부를 분석하여 피부타입에 맞는 팩(정상, 건성, 지성)을 선택한 다음 소독된 유리볼에 선택한 팩을 적당량 덜어 준비해 놓는다.

3) 아이 & 립 보호제 바르기

소독된 스파츌라로 아이 & 립 보호제품을 눈밑과 눈두덩이, 입술 위에 팩처럼 도포하여 눈 주변과 입술을 보호해준다.

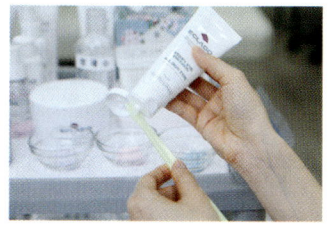 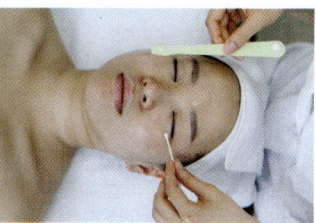 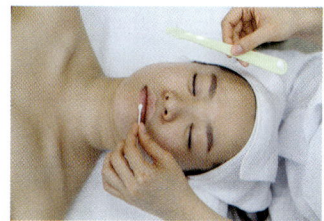

4) 턱 · 뺨 도포하기

팩 브러쉬를 이용하여 턱 → 귀 밑, 코 옆 → 귀 중앙까지 안쪽에서 바깥쪽으로 번갈아 가면서 팩을 도포하며 위쪽으로 올라간다.

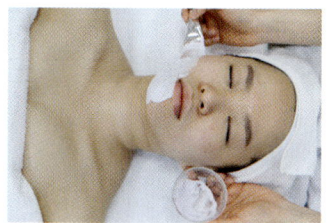 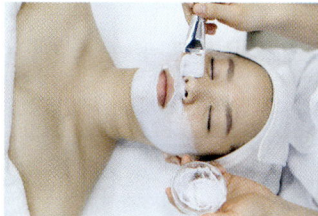 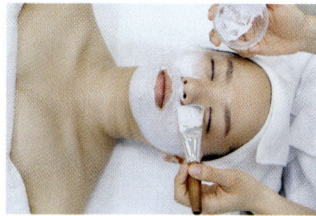

5) 코 도포하기

아래쪽에서 위쪽방향으로 도포한다.

6) 이마 도포하기

좌·우 번갈아 가면서 뺨과 관자놀이 부위와 연결되도록 도포한다.

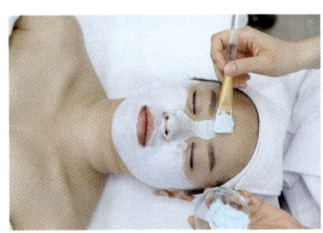

Tip 팩의 두께는 너무 얇게 도포하거나 너무 두껍게 도포하는 것도 바람직하지 않다.

7) 목 도포하기

목 부위 중앙에서 좌·우 번갈아 가면서 쇄골 아래 3cm까지 도포한다.

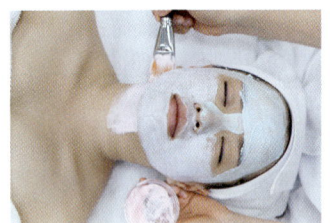

8) 아이패드하기 & 팩 방치하기

젖은 화장솜을 이용하여 양쪽눈에 눈을 보호하고 팩이 피부에 흡수될 수 있도록 방치
시켜준다. (10분-15분)

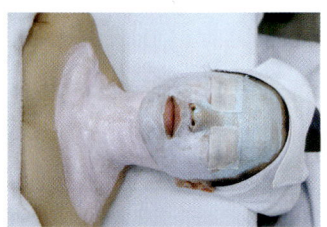

Tip 팩이 건조되는 동안 사용했던 유리볼과 스파츌라, 웨곤위를 깨끗하게 정리한다.

9) 마무리하기

아이패드를 제거하고 해면과 냉습포로 팩 제품을 제거한 다음 화장수로 피부톤을 정리해준다.

Chapter
11

마스크 및 마무리

얼굴의 윤곽을 만들어 준다는 의미로, 석고 마스크(Thermo Modeling Mask)와 고무 마스크(Algae Mask, Seaweed Mask)를 모델링 마스크(Modeling Mask)라고 부르기도 한다.

1. 고무 마스크

해양 식물의 추출물과 허브 추출물, 콜라겐, 차콜 민트 등 마스크에 따라 다양한 활성 성분을 함유하고 있다. 제품에 따라 증류수나 특수 용액에 혼합하여 토호한 후 일정 시간이 지난 후 고무처럼 굳어지면서 마스크의 활성 성분을 흡수시키는 마스크이며 고무마스크의 온도가 체온보다 낮아 진정효과를 주어 모든 피부에 사용될 뿐 아니라 특히 예민피부나 여드름피부에 효과적으로 사용된다.

1) 고무 마스크의 효과

① 피부의 노폐물을 제거한다.
② 유효성분의 흡수율을 좋게 한다.
③ 진정, 탄력효과 증진, 수분 공급, 재생효과, 신진대사 촉진
④ 혈액 및 림프 순환을 촉진시키고 모공 수축에 효과적이다.

2) 고무 마스크 사용 시 주의사항

① 눈 부위는 도포직전에 고객에게 미리 알려주어 긴장하지 않도록 한다.

② 고무볼에 남아있던 마스크는 하수구에 버리지 않도록 한다.

③ 마스크 도포 시 코와 입을 막지 않도록 한다.

④ 마스크 혼합 시 흘러내리거나 굳어지지 않도록 농도를 잘 조절하도록 한다.

3) 고무 마스크 시술방법

(1) 손 소독

마른 화장솜에 알코올을 충분히 적신 다음 손바닥, 손등, 손가락 사이사이등을 꼼꼼히 소독해 준다.

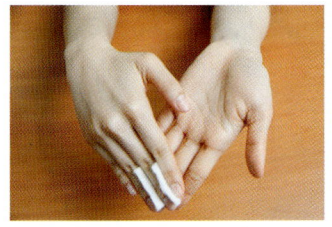 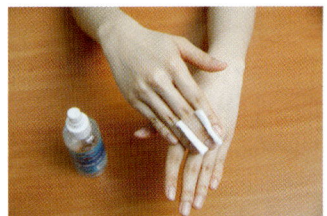 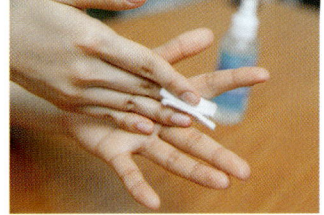

(2) 준비하기

고무볼 1개, 스파츌라 1개를 소독한 다음 고무볼에 파우더를 덜어 놓는다.

(3) 아이 & 립 보호제 바르기

소독된 스파츌라로 아이 & 립 보호제품을 눈밑과 눈두덩이, 입술 위에 팩처럼 도포하여 눈 주변과 입술을 보호해주고 젖은 화장솜을 이용하여 양쪽 눈에 눈을 보호해준다.

 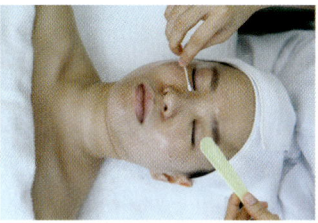 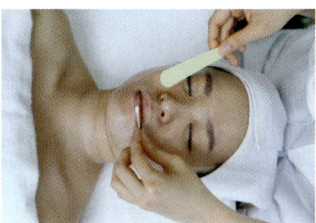

(4) 고무 마스크 도포하기

고무볼에 덜어 놓은 파우더에 증류수를 조금씩 부어 가며 고무 마스크 파우더가 흐르지 않을 정도로 농도를 맞추어 섞어주고 턱 → 뺨 →코 → 이마 → 눈 순서로 일정하게 도포해준다.

 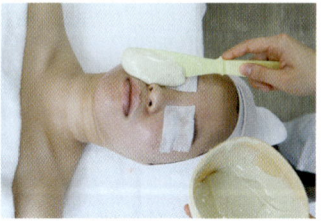

(5) 고무 마스크 방치 및 제거하기

고무 마스크가 완전히 건조 될 때까지 고무 마스크를 방치한 후(15-20분) 고무 마스크를 얼굴 아래쪽(턱선 아래)에서 위쪽 방향으로 고무마스크를 천천히 제거해 준다.

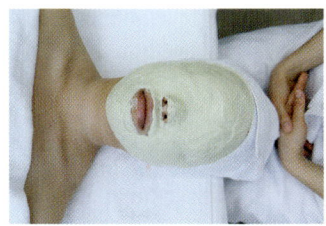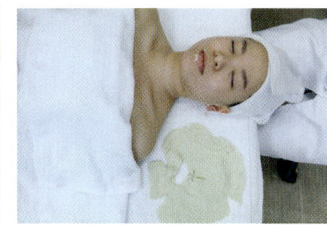

(6) 마무리 하기

해면과 냉습포로 고무 마스크 잔여물을 제거하고 화장수를 이용하여 피부톤을 정리한 다음, 아이제품을 이용하여 눈 주변을 발라주고 얼굴 전체에 영양크림 및 자외선 차단제(오전)등을 발라준다.

2. 석고 마스크(Modeling Mask)

미네랄 성분이 함유된 석고 분말로 실온의 증류수나 석고용 특수용액에 섞어서 사용하고 석고 가루가 물을 만나 반응할 때 발생하는 열이 모공을 확장시켜 피부 속 깊이 영양분을 침투시키고 다시 석고가 굳으면서 모공을 닫아주어 피부를 정돈시키는 기능을 하는 것이다. 석고는 안면뿐만 아니라 신체 모든 부위에 사용 할 수 있으며 얼굴 윤곽관리, 가슴관리, 튼살관리, 슬리밍 관리 등에 이용된다.

1) 석고 마스크의 효과

① 노폐물 배출

② 리프팅 효과

③ 모공을 일시적으로 열어주어 주요 성분의 흡수를 촉진시킴

④ 피부재생 효과

2) 석고 마스크 사용 시 주의사항

① 민감성 피부, 모세혈관 확장 피부는 피한다.

② 석고 두께가 너무 얇을 경우 효과를 볼 수가 없다.(1cm가 가장 적당)

③ 물의 온도는 따뜻한 미온수가 상태가 좋다.

④ 폐쇄공포증 환자, 심장이 약한 사람, 화농성 여드름 피부인 사람은 피하는 것이 좋다.

3) 석고 마스크 시술방법

(1) 손 소독

마른 화장솜에 알코올을 충분히 적신 다음 손바닥, 손등, 손가락 사이사이등을 꼼꼼히 소독해 준다.

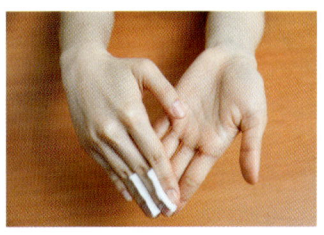 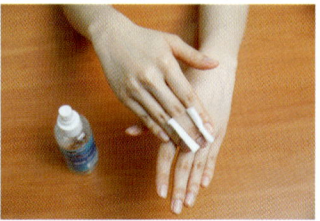 

(2) 준비하기

고무볼 1개, 스파츌라 1개를 소독한 다음 고무볼에 파우더를 덜어 놓는다.

(3) 아이 & 립 보호제 바르기

소독된 스파츌라로 아이 & 립 보호제품을 눈밑과 눈두덩이, 입술 위에 팩처럼 도포하여 눈 주변과 입술을 보호해준다.

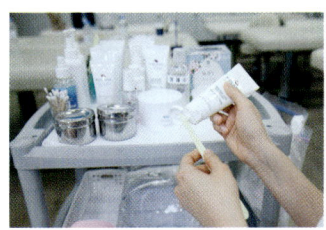  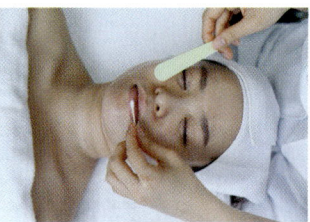

(4) 석고 베이스 크림 도포하기

석고 베이스 크림을 팩 브러쉬로 이용하여 얼굴 전체에 골고루 두껍게 도포해 준다.

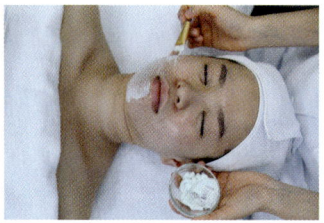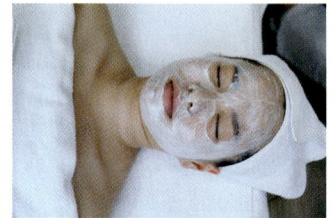

(5) 아이패드 및 거즈 올리기

젖은 화장솜 2장을 겹쳐 눈썹과 눈 전체를 덮어준 다음 거즈 반은 코 밑에 밀착시키고, 나머지 반은 콧등 위에 올려 놓고 밀착시킨다.

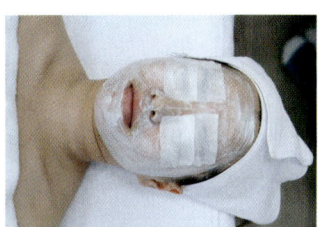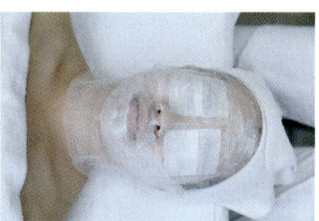

(6) 석고 마스크 도포하기

석고 파우더가 담겨 있는 고무볼에 증류수를 조금씩 부어 가며 석고 마스크 파우더가 흐르지 않을 정도로 농도를 맞추어 섞어주고 턱 → 뺨 →코 → 이마 → 눈 순서로 일정하게 도포해준다.

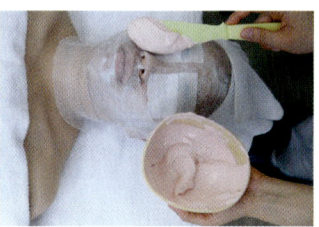

(7) 석고 마스크 방치 및 제거하기

석고 마스크가 완전히 건조 될 때까지 석고 마스크를 방치한 다음 열이 완전히 식으면 턱선에 양손을 대어 가볍게 석고 마스크를 움직인 후 아래에서 위로 떼어낸다.

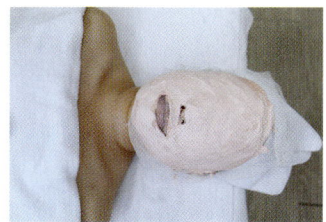 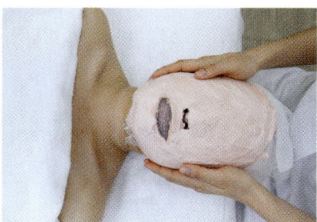 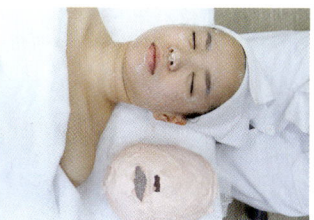

(8) 마무리 하기

해면과 냉습포로 고무 마스크 잔여물을 제거하고 화장수를 이용하여 피부톤을 정리한 다음, 아이제품을 이용하여 눈 주변을 발라주고 얼굴 전체에 영양크림 및 자외선 차단제(오전)등을 발라준다.

3. 마무리 단계

1) 제품 마무리

① 피부 타입에 맞는 화장수를 화장솜에 묻혀 눈 → 뺨 → 이마 →코 순으로 피부결을 따라 부드럽게 닦아내듯이 하거나, 가볍게 두들기듯 바른다.

② 아이 크림이나 젤을 부드럽게 바른 후 가볍게 두들겨 흡수시킨다.

③ 세럼을 얼굴 전체, 목에 부드럽게 바른 후 가볍게 두들겨 흡수시킨다.

④ 크림을 얼굴 전체, 목에 부드럽게 바른 후 가볍게 두들겨 흡수시킨다.

⑤ 자외선 차단제를 얼굴 전체, 목에 부드럽게 바른 후 가볍게 두들겨 흡수시킨다.(고객에게 꼭 물어본 후 바른다.)

2) 마무리 동작

(1) 머리카락 쓸어주기

터번을 풀고 열 손가락을 모두 사용하여 머리카락을 골고루 쓸어내린다.

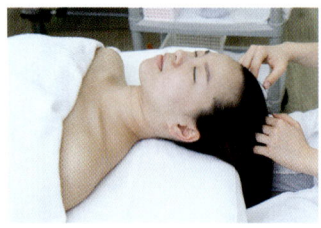

(2) 뒷목 풀어주기

한손으로 머리를 받치고, 다른 한 손으로 뒷목을 골고루 손가락으로 집어주며 풀어준다.

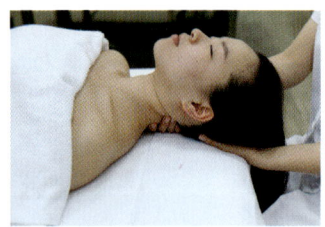

(3) 목, 어깨 풀어주기

오른손은 고객의 왼쪽 어깨 위로 왼손을 오른쪽 어깨 위레 교차로 올려놓고, 약간 누르며 목을 조금씩 들어 올렸다 내린다.

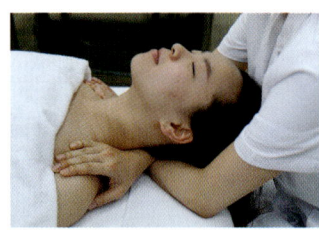 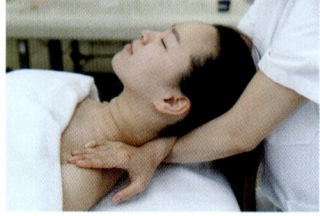

(4) 옆머리 눌러주기

고개를 양손으로 가볍게 옆으로 돌려놓고 손바닥을 겹쳐서 측두부를 눌러준다.

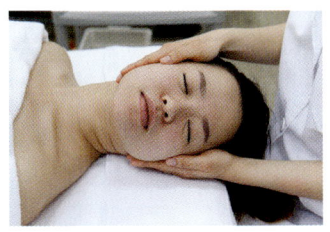 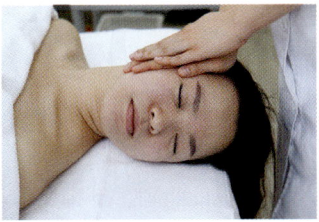 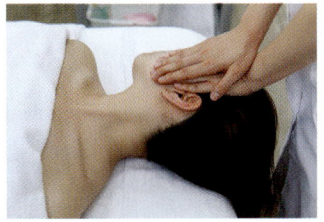

(5) 귀와 귀 주위 마찰하기

양손으로 귀와 귀 주위를 골고루 마찰한다.

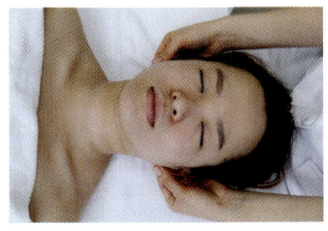

(6) 두피 눌러주기

두피를 손가락의 지문 부위를 이용해 골고루 눌러주고, 백회를 양 엄지손가락을 겹쳐서 지그시 눌러준다.

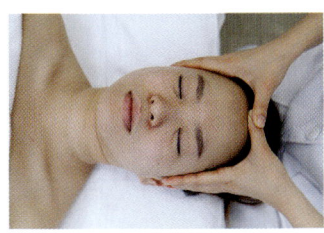 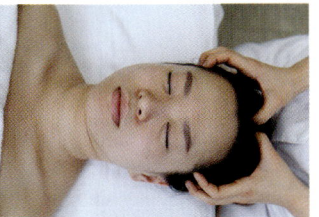

(7) 어깨 집어주기

어깨를 골고루 집어주고, 견정을 엄지손가락으로 지그시 눌러준다.

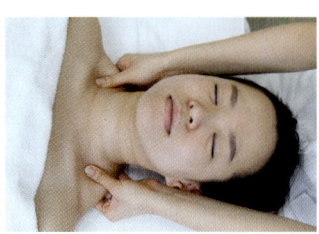 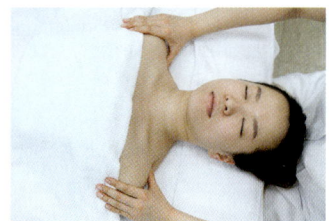

(8) 팔 눌러주기

팔의 윗부분(상완부위)를 지긋이 눌러주면서 마무리한다.

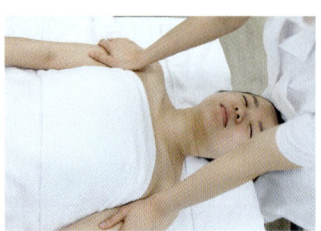

Supplement

/부/록/

림프 드레나쥐

림프 드레나쥐(Lymph Drainage)

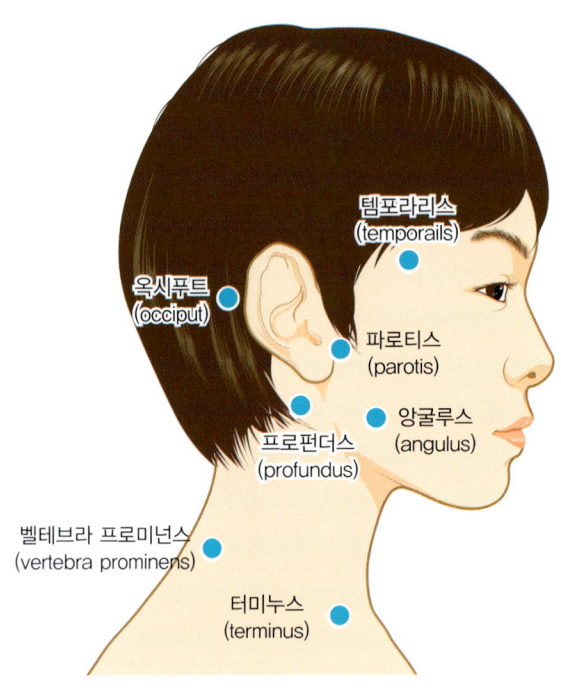

그림1 얼굴 림프관리 적용위치

TIP 림프 드레나쥐

- 압력: 조직액의 재흡수를 촉진하는 정도가 적절하며 압이 지나칠 경우 림프액의 흐름을 방해할 수 있다.(30mmHg의 압력이 적당)
- 횟수: 한 부위에 5회 이상 3셋트를 기본으로 한다.
- 방향: 림프액이 흐르는 방향으로 진행하며 림프관이 손상된 상태이면 손상 받지 않은 쪽으로 적용한다.
- 연속성: 직접적인 마사지를 하는 적용기와 다시 마사지를 하는 자세로 돌아오는 준비기를 연속적으로 실시한다.

1. 손 소독

마른 화장솜에 알코올을 충분히 적신 다음 손바닥, 손등, 손가락 사이사이등을
꼼꼼히 소독해 준다.

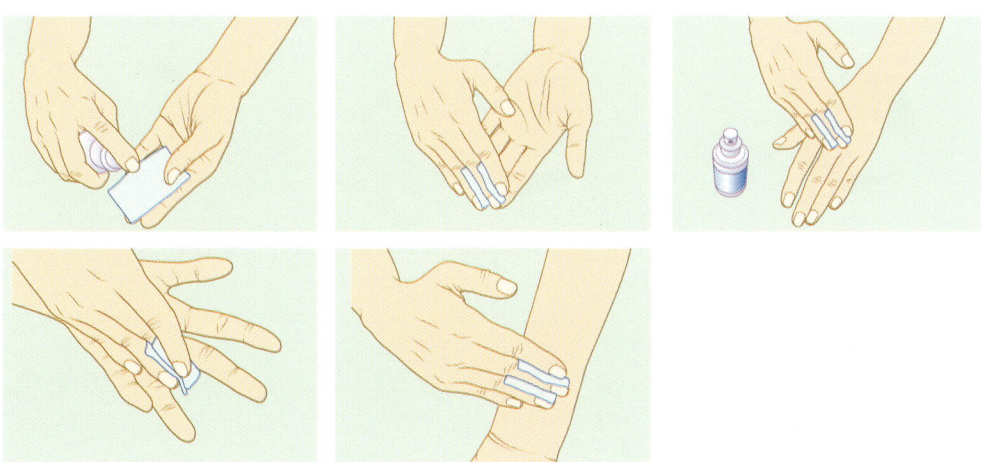

2. 앞가슴(데콜테) 쓰다듬기

양 엄지 손가락을 이용하여 앞가슴(테콜테) → 겨드랑이(액와)방향으로 5회 천천히
쓸어준다.

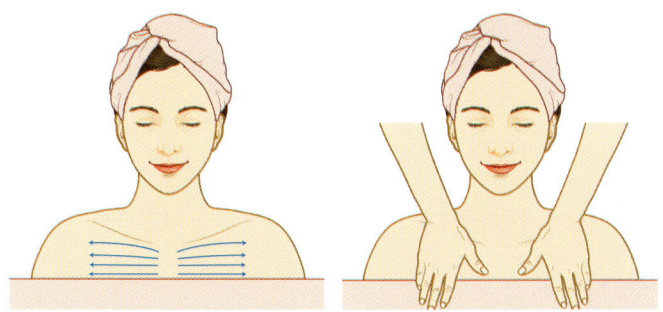

3. 목 관리

Profundus(프로펀더스) → Middle(미들) → Terminus(터미누스)순으로 정지상태
원동작 5회씩 3Set를 반복한다.

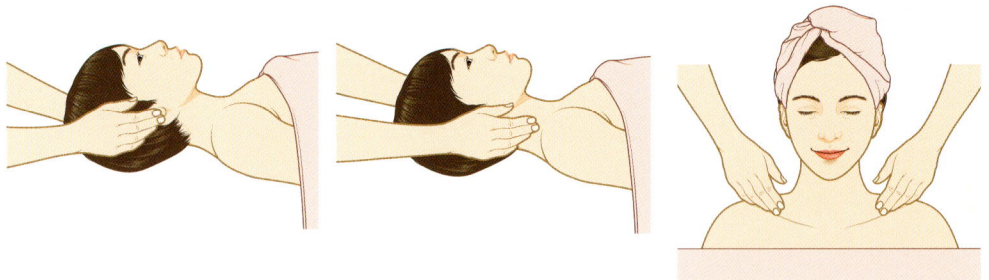

4. 얼굴 쓰다듬기

입술 아랫부분, 입술 윗 부분, 코, 뺨, 이마를 평행하게 쓰다듬는 동작을 5회 반복한다.

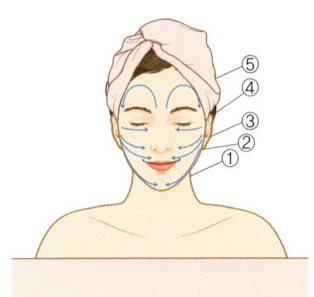

5. 턱 관리

턱 중앙 → Angulus(앵글루스 · 하악각 · Profundus(프로펀더스) → Middle(미들) → Terminus(터미누스)까지 정지상태 원동작을 5회씩 3Set를 반복한다.

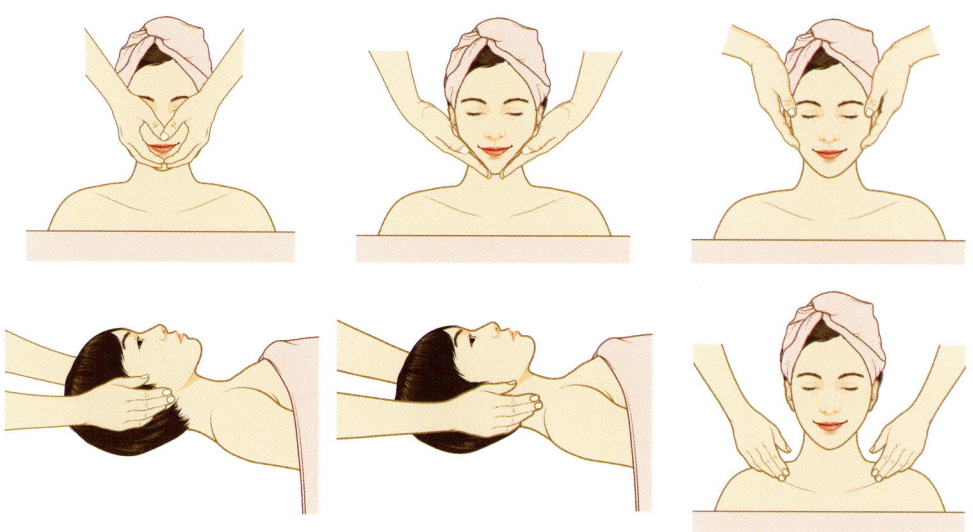

6. 입주변 관리

양손 엄지손가락을 서로 X자로 모으고 나머지 4손가락을 가지런히 윗 입술 · 입술 옆(지창 혈) · Ngulus(앵글루스) · Profundus(프로펀더스) → Middle(미들) → Terminus(터미누스)까지 정지상태 원동작을 5회씩 3set를 반복한다.

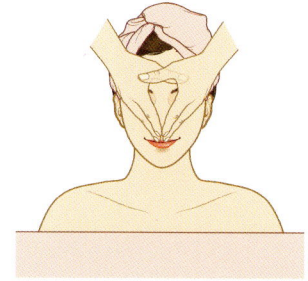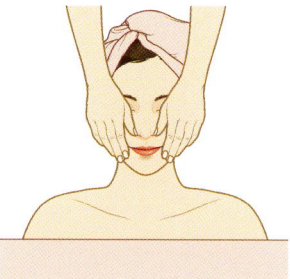

Basic skin care

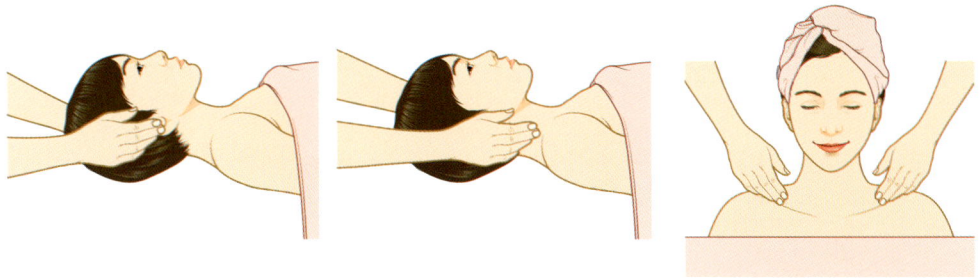

7. 코부위 관리

코끝, 코중간, 코위 부위에 정지상태 원동작을 5회씩 3Set를 반복한다.

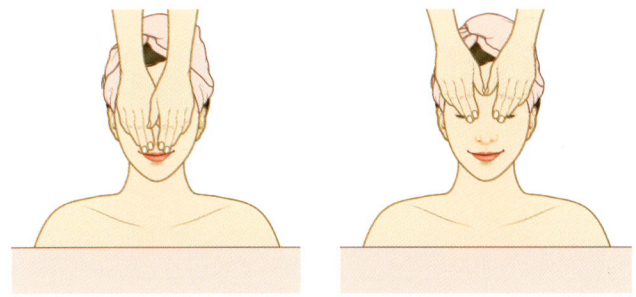

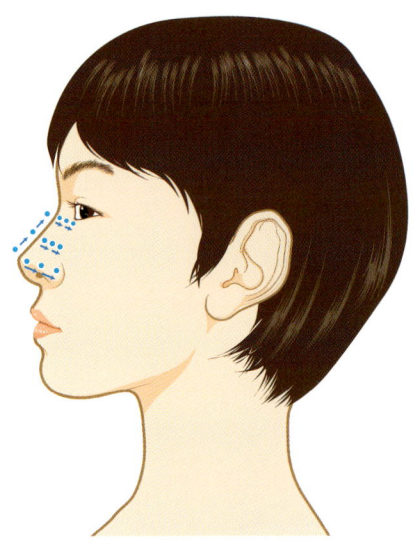

8. 눈부위 관리

눈밑을 3등분하여 중지로 정지상태 원동작을 5회씩 3Set를 반복한 다음 검지로 눈썹
머리를 쓸어올리고 가볍게 눈썹을 집어준다.

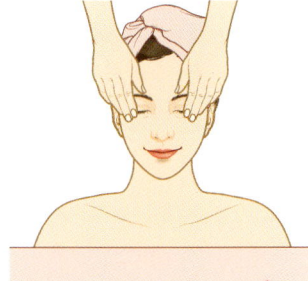 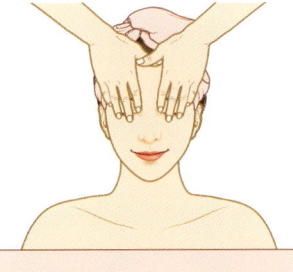 

9. 이마부위 관리

검지, 중지, 약지, 소지 손가락으로 이마부위를 3등분하여 정지상태 원동작을 5회씩 3Set를 반복한다.

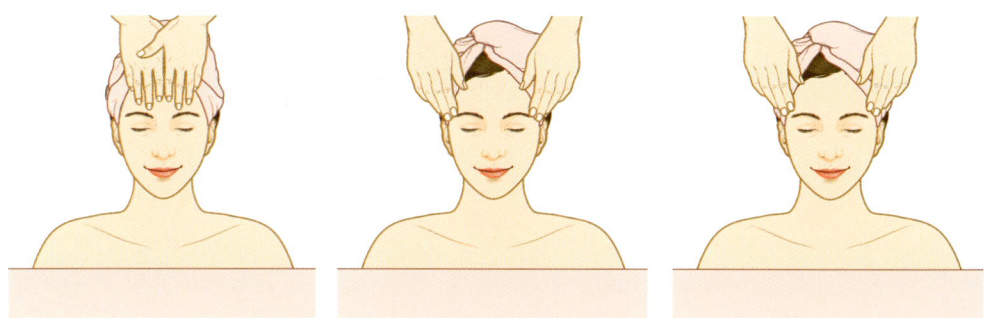

10. 측면부위 관리

Temporalis(템포라리스)·Parotis(파로티스)·Angulus(앵글루스)까지 정지상태 원동작을 5회씩 3Set를 반복한다.

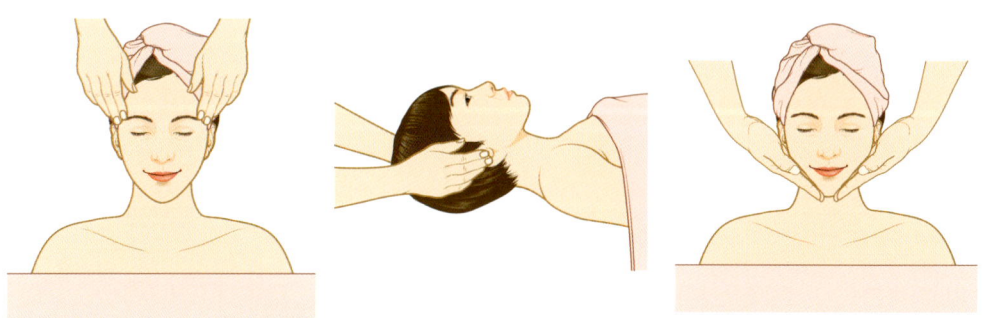

11. 목 관리

Profundus(프로펀더스) → Middle(미들) → Terminus(터미누스)순으로 정지상태
원동작 5회씩 3Set를 반복한다.

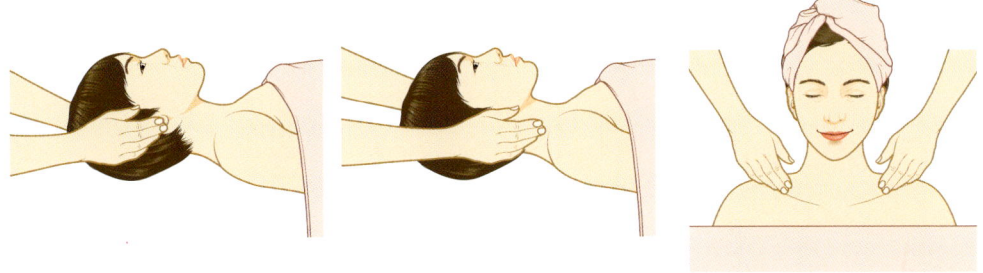

12. 얼굴 쓰다듬고 마무리

입술 아랫부분, 입술 윗 부분, 코, 뺨, 이마를 평행하게 쓰다듬는 동작을 5회 반복한다.

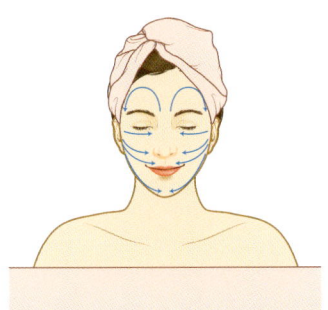

참/고/문/헌

경락 미용과 한방. 이덕수 외. 광문각. 2005.
고등학교 피부관리. 김신영 외. 메디컬코리아. 2010.
공중위생관리학. 권혜영 외. 메디시언. 2014.
기초실무 안면피부관리. 이연희 외. 광문각. 2008.
기초페이스 & 바디트리트먼트. 이애숙 외. 메디시언. 2013.
기초피부관리실습. 이유미 외. 광문각. 2012.
미용과 근육. 고혜정 외. 메디시언. 2014.
뷰티테라피. 고혜정 외 옮김(Francesca Gould지음). 군자출판사. 2008.
뷰티피부학. 강성례 외. 청구문화사. 2006.
사람해부생리학. 정영태 외. 청구문화사. 2009.
스킨 트리트먼트 매뉴얼. 김선희 외. 청구문화사. 2011.
안면관리를 위한 기초 에스테틱. 황해정 외. 수문사. 2011.
에스테티션을 위한 살롱트리트먼트. 김남연 외. 구민사. 2014.
에스테틱 살롱 트리트먼트. 최경임 외. 성화. 2011.
인체해부학. 전용혁 . 청구문화사. 2012.
자연에서 찾는 피부건강 이야기. 허의종 외. 2004.
페이스 트리트먼트. 김수은 외. 구민사. 2013.
피부과학. 김광옥 외. 청구문화사. 2006.
피부과학. 김기연 외. 수문사. 2001.
피부과학. 김문주 외. 예림출판사. 2009.
피부과학. 이혜영 외. 군자출판사. 2008.
피부관리 기초실습. 양현옥 외. 훈민사. 2002.
피부관리 이론과 실제. 김광옥 외. 성화출판사. 2003.
피부관리학. 강수경 외. 청구문화사. 2004.
피부관리학. 김경미 외. 수문사. 2008.
피부관리학. 나현숙 외. 수문사. 2002.
해부생리학. 김기영 외. 메디시언. 2012.
Basic Massage Technique, Sara–Kim외. 광문각. 2005.